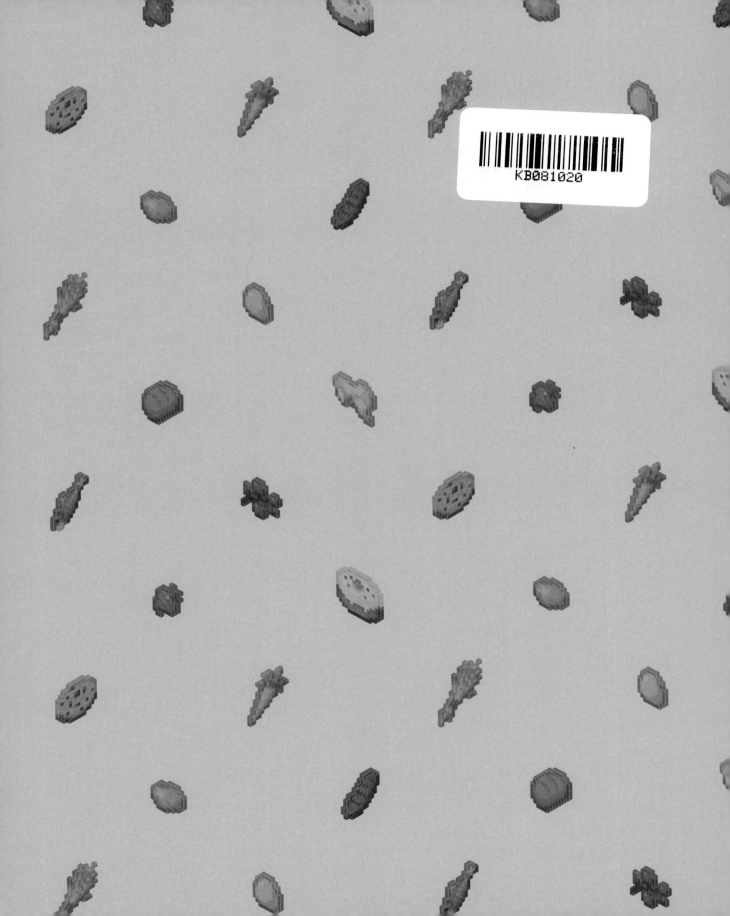

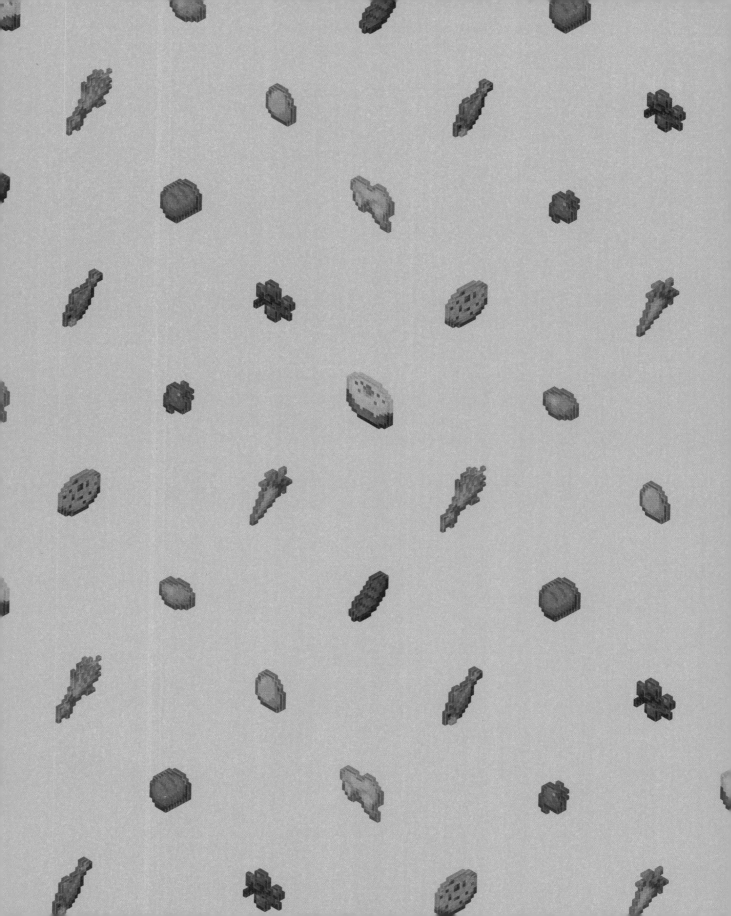

MINECRAFT

마인크래프트 공식 요리책

MINECRAFT

마인크래프트 공식 요리책

타라 테오하리스 지음 **서유리** 감수

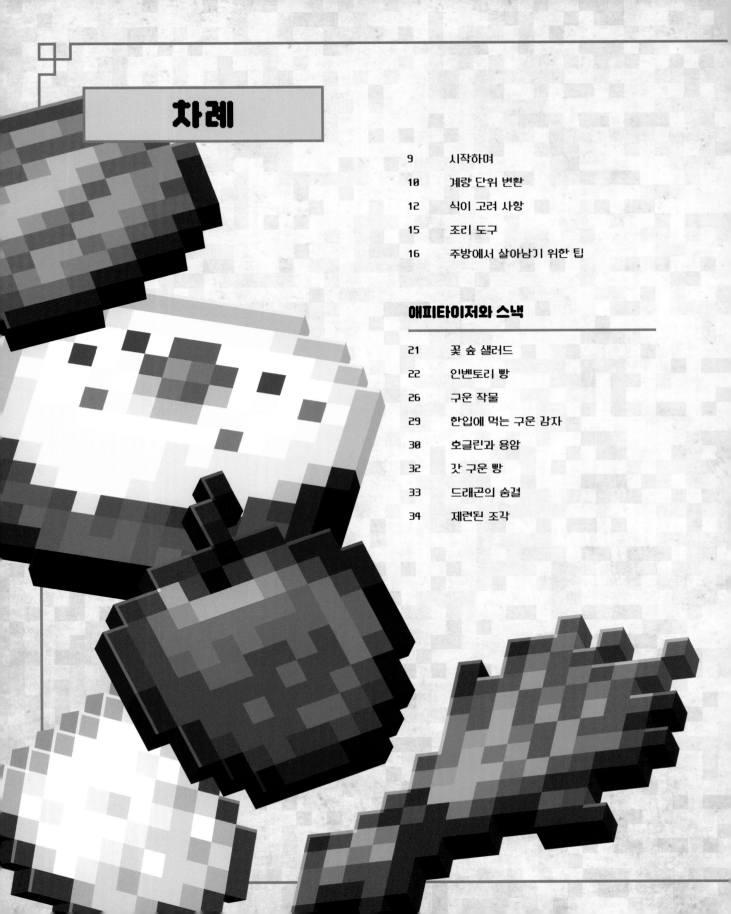

차례

애피타이저와 스낵

메인 요리

디저트

음료

마인크래프트 식사 계획 세우기

시작하며

세상은 친구들과 음식으로 가득합니다. 마인크래프트 자바 에디션을 플레이해 본 적이 있다면 농사 발전과제와 관계가 있는 이 문구를 본 적이 있을 거예요. 참으로 이보다 더 좋은 삶의 모토가 있을까요? 파티를 열거나 새로운 레시피를 시도할 핑곗거리를 항상 찾고 있다면 혹은 마인크래프트를 하면서 "이걸 실제로 먹을 수 있게 만들려면 어떻게 해야 할까?"라고 스스로 질문한 적이 있다면, 이 책은 바로 당신을 위한 책입니다. 이 책은 생물군계, 몹 그리고 음식에 영감을 받은 레시피들을 통해 우리 모두 사랑하는 게임에 바치는 찬가라 할 수 있습니다. 마인크래프트를 플레이하는 방법에 여러 가지가 있듯이 이 요리책 또한 다양한 방법으로 탐험해 볼 수 있어요. 각 페이지에 있는 레시피들은 우리에게 친숙한 식사 유형별(애피타이저/스낵, 메인 요리, 디저트, 음료)로 분류되어 있습니다. 또 각 레시피는 영감을 준 플레이어 유형에 따라 아래와 같이 분류되어 있기도 합니다.

 전사 레시피는 지난 전투와 승리를 떠올리게 합니다.

 농부 레시피는 추가적인 영양이나 그리운 옛 맛이 주는 포만감 또는 이 둘 모두를 제공합니다.

 건축가 레시피는 우리 모두의 내면에 있는 건축가를 기립니다.

 탐험가 레시피는 대자연과 멀고 광활한 곳으로의 여행을 떠올리게 합니다.

 발명가 레시피는 천재적인 레드스톤 장치만큼이나 복잡하고 흥미진진합니다.

 발전과제 사냥꾼 레시피를 사용하면 현실 세계에서도 마인크래프트 발전과제를 달성한 듯한 기분을 느낄 수 있습니다.

재료 및 만드는 법과 함께 비건 또는 글루텐 프리와 같은 식단 정보도 확인할 수 있어요. 마인크래프트 게임에서처럼 음식을 만드는 데 필요한 특정 아이템을 끈질기게 찾거나, 처음부터 시작해 순차적으로 탐색하는 과정에서 무엇을 찾을 수 있는지를 살펴보는 것도 가능합니다. 크리에이티브 모드로 들어가서 이 책의 아이디어를 사용하여 자신만의 독특한 창작물을 만들 수도 있어요. 또는 배고픔 값이 0으로 떨어지기 전에 음식을 차려야 하는 서바이벌 모드로도 요리할 수 있답니다.

레시피를 어떻게 활용하든 이 책을 자신의 것으로 만들어 보세요. 좋아하는 과일, 채소, 단백질로 대체해도 좋아요. 재료의 양을 절반으로 줄이거나 두 배로 늘려 보세요. 메모를 적고 식사 계획도 세워 봅시다. 마늘을 세 배로 늘리기도 해 보세요(요리책을 쓰는 사람인 저도 여전히 이렇게 하고 있습니다). 그리고 먹을 수 있는 이 걸작을 게임 속에서 재창조해 보는 건 어떨까요?

계속되는 창작을 기원하며,
– 타라 테오하리스

추신. 이 책으로 '균형 잡힌 식단' 발전과제를 완수할 수 있을까요? 모든 레시피를 시도해 보신 여러분의 의견을 듣고 싶습니다.

계량 단위 변환

부피

미국식	미터법
1/5작은술(tsp)	1밀리리터(mL)
1작은술(tsp)	5밀리리터(mL)
1큰술(tbsp)	15밀리리터(mL)
1액량 온스(fl. oz.)	30밀리리터(mL)
1/5컵	50밀리리터(mL)
1/4컵	60밀리리터(mL)
1/3컵	80밀리리터(mL)
3.4액량 온스(fl. oz.)	100밀리리터(mL)
1/2컵	120밀리리터(mL)
2/3컵	160밀리리터(mL)
3/4컵	180밀리리터(mL)
1컵	240밀리리터(mL)
1파인트(2컵)	480밀리리터(mL)
1쿼트(4컵)	0.95리터(L)

온도

화씨(°F)	섭씨(°C)
200°	93.3°
212°	100°
250°	120°
275°	135°
300°	150°
325°	165°
350°	177°
400°	205°
425°	220°
450°	233°
475°	245°
500°	260°

무게

미국식	미터법
0.5온스(oz.)	14그램(g)
1온스(oz.)	28그램(g)
1/4파운드(lb.)	113그램(g)
1/3파운드(lb.)	151그램(g)
1/2파운드(lb.)	227그램(g)
1파운드(lb.)	454그램(g)

식이 고려 사항

V = 채식 | V+ = 비건 | DF = 유제품 무첨가 | GF = 글루텐 프리

애피타이저와 스낵

요리	V	V+	DF	GF
꽃 숲 샐러드	V			GF
인벤토리 빵	V			
구운 작물	V			GF
한입에 먹는 구운 감자				GF
호글린과 용암				
갓 구운 빵	V		DF	
드래곤의 숨결	V	V+	DF	GF
제련된 조각	V			

메인 요리

요리	V	V+	DF	GF
버섯 들판 "스테이크"	V	V+	DF	GF
가락 동굴	V			
평원 케밥			DF	GF
치킨 조키 샌드위치				
뒤틀린 숲 납작빵 피자	V			
땅에 묻힌 보물 파이				
맛있는 생선				GF
수상한 스튜	V	V+	DF	
무시룸 버거				
허스크 타말레			DF	GF
레드스톤 가루 양념	V	V+	DF	GF
"훈연기" 차돌양지			DF	
경작지 스뫼르고스토르타				

디저트

네더 차원문 롤	V			
마시멜로 구름			DF	GF
횃불 슈터	V			GF
단단한 진흙 브라우니	V			
점토 퍼지 블록	V			
유광 테라코타 쿠키	V			
꿀 블록	V		DF	GF
양털	V	V+	DF	GF
황금 사과파이	V			
마인크래프트 케이크	V			
두 입 호박파이	V			
코코아 청크 쿠키	V			
마그마 크림 트뤼플	V			GF
폭죽 탄약 쿠키	V		DF	
레드스톤 브라우니 블록	V			
주먹을 부르는 흙 블록	V			

음료

크리퍼 클렌즈	V		DF	GF
야간 투시 물약	V			GF
"서바이브 더 나이트" 소다 음료	V			GF
슬라임볼 티	V	V+	DF	GF
거북 도사의 물약	V			GF
TNT 차	V	V+	DF	GF
후렴과 스프리처	V	V+	DF	GF

조리 도구

- ## 강판
  치즈와 같은 식재료를 잘게 자르거나 감귤류 과일의 껍질을 가는 도구

- ## 체(콜랜더)
  체에 나 있는 작은 구멍들을 통해 수분을 배출하는 도구

- ## 건재료 계량컵
  밀가루와 같은 다량의 재료를 계량하는 데 도움을 주는 도구

- ## 프라이팬
  음식을 튀기거나 일반적인 조리 용도로 사용하는 데 유용한 도구

- ## 핸드 블렌더
  식재료를 퓌레로 갈아내기 위해 손으로 잡고 사용하는 기계

- ## 국자
  수프나 수상한 스튜를 담아내는 데 필요한 도구

- ## 액상 재료 계량컵
  재료의 표면을 유리컵의 눈금에 맞추면서 정확한 액상 재료의 양을 계량하는 도구

- ## 계량스푼
  소량의 재료들을 계량하는 데 필요한 도구

- ## 미니 다지기
  마늘, 작은 채소와 같은 작은 크기의 식재료를 잘게 다질 수 있는 미니 기계

- ## 밀대
  반죽을 밀거나 납작하게 만드는 데 유용한 도구

- ## 고무 스패츌라
  재료들을 함께 섞거나 믹싱볼의 측면을 긁어내는 데 쓰는 도구

- ## 뚜껑이 있는 소스팬
  덮을 수 있는 뚜껑이 따로 있으며 음식을 팔팔 또는 뭉근히 끓이는 도구

- ## 스패츌라
  음식의 형태를 편평하게 다질 수도 있고 이리저리 뒤집을 수 있는 도구

- ## 스탠드 믹서
  다양한 속도로 음식을 섞고, 치고, 휘젓는 기계

- ## 거품기
  액상 재료와 반죽을 섞거나 휘젓기 위해 손에 들고 사용하는 도구

- ## 다이아몬드 검
  적대적인 몹에 맞설 수 있는 효과적인 도구

주방에서 살아남기 위한 팁

우리의 요리 모험을 성공하기 위해 주방에서 실력을 쌓을 수 있는 몇 가지 도움말과 요령, 주요 용어를 여기에 정리해 두었다.

버터 자르기

검은 내려놓자. 그런 종류의 자르기가 아니다. 버터를 밀가루 속에서 자르라는 설명이 있다면 이는 밀가루 혼합물에 잘게 자른 차가운 버터 조각들을 넣은 다음 거품기나 손으로 버터를 밀가루에 녹이면서 전체적으로 균일하고 꽤 굵은 가루가 될 때까지 섞으라는 이야기다. 이 작업을 할 때 손을 사용한다면 밀가루와 버터 덩어리를 꼬집듯이 함께 잡고 손가락으로 버터를 문질러 밀가루 전체에 버터가 골고루 퍼지도록 하는 것이 좋다. 하나로 합쳐질 때까지 버터와 밀가루를 한 줌씩 꼬집는 듯 잡아 문지르는 작업을 계속한다.

중탕냄비

중탕냄비는 냄비 두 개를 겹쳐 놓았거나 냄비 위에 금속 그릇을 올려놓은 형태를 말한다. 아래쪽 냄비에는 약 2.5cm 높이로 물을 넣고 두 번째 냄비나 그릇을 그 위에 딱 맞게 올려놓는다(단, 아래에 있는 물에 닿아서는 안 된다). 냄비를 불에 올려놓으면 아래 냄비의 물이 끓으면서 수증기가 올라가 윗부분을 따뜻하게 데운다. 이렇게 하면 초콜릿이나 다른 섬세한 재료들을 태울 위험 없이 데울 수 있다. 중탕냄비나 이와 유사한 것을 사용할 수 없는 경우에는 대신 전자레인지를 사용하면 된다. 재료를 전자레인지에 넣고 30초간 돌렸다가 저어준 다음 재료가 녹을 때까지 15초 간격으로 계속 전자레인지에 돌리며 저어 주면 된다.

가볍게 섞기

이 방법은 부서지기 쉬운 재료나 너무 힘차게 저어서는 안 되는 재료를 부드럽게 섞는 방법이다. '가볍게 섞으라'는 설명이 나오면 해당 재료를 기존 혼합물에 넣고 오믈렛을 접듯 천천히 그 재료 위로 혼합물을 올리면 된다. 잘 섞일 때까지 이 과정을 몇 차례 더 반복한다.

인벤토리 모으기

우리가 필요로 하는 모든 것이 인벤토리에 준비되어 있으면 무언가를 만들기가 더 수월한 것처럼 요리도 마찬가지다. 시작하기 전에 전체 레시피를 읽어 보면서 필요한 과정과 조리 시간을 확인하자. 획득해야 하는 특이한 재료나 익숙하지 않은 특별한 도구가 있는가? 모든 것을 미리 준비하자. 예를 들어 어떤 재료들은 실온에 둬야 할 수도 있고 어떤 재료는 시작하기 전에 잘게 썰거나 다져야 할 수도 있다.

믹서

베이킹을 자주 하거나 섞는 작업을 많이 할 계획이라면 전기 스탠드 믹서를 적극 추천한다. 여기 소개된 많은 레시피는 믹서를 사용해야 하지만 믹서가 없다면 손으로 직접 섞어도 상관은 없다. 다만 시간이 더 오래 걸리는 점은 염두에 두자. 새로 제작한 곡괭이 대신 손으로 채굴하는 것과 같은 느낌인데, 장점이 있다면 엄청나게 튼튼한 팔을 만들 수 있다는 점이다! 믹서를 구매할 계획이라면 기본 믹서 부속품, 거품기 부속품, 반죽 후크 부속품도 함께 구입하는 것을 권장한다.

주먹으로 내려치기

게임에서 했던 펀치 연습을 잘 활용해 보자! 반죽에 펀치를 한다는 것은 반죽을 부풀어 오르게 한 후 밀가루를 뿌린 작업대에 올려 가볍게 두어 번 주먹으로 내리쳐서(또는 아주 가볍게 치대서) 꾹 누르는 것을 의미한다. 그런 다음 반죽을 이리저리 움직이며 레시피에 나온 대로 모양을 만든다.

달걀 분리

달걀 던지기는 게임 영역에 남겨두는 것이 가장 좋다. 하지만 일부 레시피들의 경우 달걀 분리가 필요하다. 달걀 하나를 다른 달걀로부터 떨어뜨리는 것이 아니라 달걀의 노른자와 흰자를 분리해야 한다는 의미다. 방법은 이러하다. 그릇 위에서 달걀 껍질을 조심스럽게 반으로 깨뜨린다. 노른자를 이쪽 껍질에서 저쪽 껍질로 왔다 갔다 기울여 담으면서 흰자가 갈라진 틈을 통해 아래에 받쳐 둔 그릇으로 흘러내리도록 한다. 껍질에 노른자만 남을 때까지 이 과정을 계속한 다음 다른 그릇에 노른자를 담는다.

온도계

몇 가지 레시피에서는 온도를 계속 주시해야 한다. 마시멜로 구름, 양털, 꿀 블록 레시피와 같이 사탕을 만들 때는 이것이 매우 중요하며 다양한 부위의 고기를 요리할 때도 유용하다. 사탕을 만들 때 사용하는 조리용 온도계와 육류용 온도계를 주방 인벤토리에 따로 구비해 두는 것이 좋다. 둘 다 상당히 저렴하고 구하기도 쉽다.

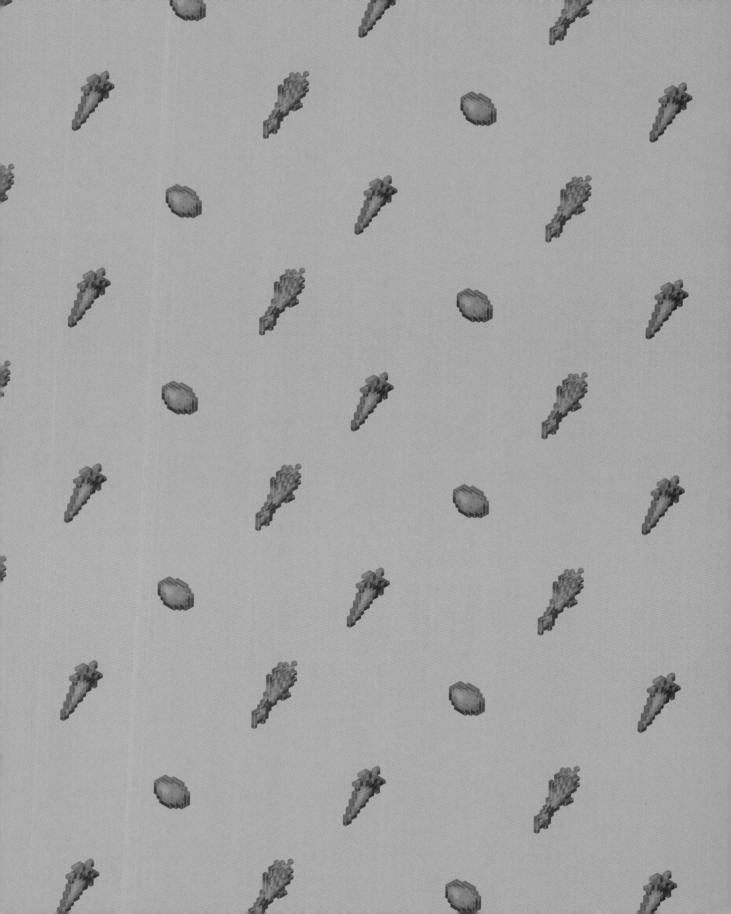

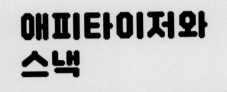

애피타이저와
스낵

꽃 숲 샐러드

꽃 숲을 탐험하게 되면 잠시 멈추어 서서 꽃들이 뿜어내는 향기를 맡아보고 그 꽃들을 따서 맛있는 샐러드를 만드는 상상을 해 보자. 이 산뜻하고 다채로운 샐러드에 곁들여져 기분을 북돋우는 비네그레트 소스에는 꽃 숲의 또 다른 주식인 꿀이 사용된다.

> 난이도: 쉬움

🍩 플레이어 유형: 탐험가 | ⏱ 준비 시간: 5분 | ⛰ 조리 시간: 없음
👣 분량: 소량의 샐러드 4접시 | 📖 식이 고려 사항: 채식, 글루텐 프리
🔬 특별한 도구: 없음

재료

허니 비네그레트:

꿀 1큰술

디종 머스터드 1큰술

올리브유 2큰술

레몬즙 1큰술

소금, 후추 각 한 꼬집

샐러드:

어린잎 믹스 140g

얇게 슬라이스한 래디시 3개분

얇게 슬라이스한 아삭한 사과 1/2개

호두 1/2컵

얇게 깎은 파르메산 치즈 1/4컵

물에 헹군 장식용 식용 꽃 14g

만드는 법

1. 허니 비네그레트를 만들기 위해 꿀과 머스터드, 올리브유, 레몬즙, 소금, 후추를 작은 믹싱볼에 넣고 거품기로 20초간 또는 완전히 섞일 때까지 저은 후 한쪽에 둔다.

2. 어린잎 믹스와 래디시, 사과, 호두, 파르메산 치즈 그리고 식용 꽃에서 뜯어낸 꽃잎을 절반 분량을 큰 믹싱볼에 넣는다. 허니 비네그레트를 넣고 재료에 골고루 묻을 때까지 뒤섞는다.

3. 남은 식용 꽃으로 장식하여 완성한다.

> **탐험가의 노트:**
>
> 식용 꽃은 식료품점에서 구매할 수도 있지만 직접 기른 것을 사용해도 된다! 단, 살충제를 뿌리지 않은 꽃을 고르도록 유의해야 한다(그리고 다른 사람의 정원에 있는 꽃도 안 된다). 꽃은 찬물에 살짝 헹군 후 종이 타월에 올려 말린 후에 사용하자. 아래에 우리가 선택할 수 있는 향기가 좋은 꽃들을 몇 가지 나열해 두었다.
>
> - 카네이션
> - 국화
> - 민들레
> - 데이지
> - 제라늄
> - 인동초
> - 재스민
> - 라벤더
> - 라일락
> - 마리골드
> - 팬지
> - 클로버
> - 장미
> - 해바라기

인벤토리 빵

간단한 오두막집을 짓든 층층으로 된 저택을 짓든, 블록의 인벤토리를 넉넉히 확보해 두는 것이 현명하다. 해 질 무렵에도 집에서 멀리 떨어진 곳에서 블록을 찾아 헤매고 다니는 일은 없어야 할 테니 말이다! 이 레시피는 파티에 딱 적합하도록 뜯어 먹을 수 있게 만든 맛있는 음식이다. 몽키 브레드(나눠 먹을 수 있게 만들어진 달콤하고 끈적한 미국식 페이스트리 - 역자 주)에서 아이디어를 얻어 이를 다채로운 마인크래프트 음식 블록 모음으로 바꾼 것이다. 별것 없는 재료들로도 멋진 작품을 만들 수 있다는 사실을 일깨워주는 빵이다. 해당 옵션에서 선호하는 유형의 블록을 골라 자신이 원하는 대로 조합할 수 있다. 크리에이티브 모드 스타일의 구조물을 만들어 보거나, 깔끔한 패턴으로 배열하거나, 모든 블록을 한꺼번에 쌓아 올리는 등 손님들이 즐길 수 있도록 구성해 보자!

> 난이도: 보통

 플레이어 유형: 건축가 | 준비 시간: 2시간 | 🔺 조리 시간: 30분

 분량: 블록 32개 | 📖 식이 고려 사항: 채식

🎤 특별한 도구: 반죽 후크가 장착된 믹서, 20cm 크기의 정사각형 팬, 피자 커터

재료

반죽:

활성 드라이 이스트 2와 1/4작은술

미지근한 물 1과 1/2컵, 나누어 사용

밀가루(중력분) 3과 1/2컵

녹인 가염 버터 2큰술

입자가 굵은 소금 1작은술

토핑:

녹인 가염 버터 1/2컵

사진에 나온 각종 다양한 토핑들

만드는 법

1. 반죽 후크를 장착한 스탠드 믹서의 믹싱볼에 이스트와 미지근한 물 1/4컵을 넣고 섞는다. 10분간 또는 거품이 일어날 때까지 그대로 둔다.

2. 남은 양의 물, 밀가루, 버터, 소금을 믹싱볼에 넣는다. 반죽 후크로 처음에는 천천히 젓다가 밀가루가 혼합되면 중간으로 속도를 올린다. 믹서로 5분간 또는 끈적한 반죽이 될 때까지 섞는다. 믹서가 없는 경우 손으로 반죽을 섞은 다음 밀가루를 뿌린 작업대에 올려 5분 동안 반죽을 치댄다.

3. 기름칠한 큰 믹싱볼에 반죽을 옮기고 그 위를 축축한 타월로 덮는다. 이를 1시간 동안 또는 반죽의 크기가 두 배로 부풀 때까지 따뜻한 곳에 둔다.

4. 반죽이 부풀기를 기다리는 동안 재료를 준비한다. 각 블록의 양념 믹스를 평평한 접시에 한 가지씩 담는다.

* 만드는 법은 다음 페이지에서 계속

5. 밀가루를 뿌린 작업대 위로 반죽을 옮겨 주먹으로 내려친 다음 잘 드는 칼이나 피자 커터를 이용해 반죽을 32개의 정육면체로 나눠 인벤토리를 만든다.

6. 각각의 정육면체를 녹인 버터에 담근 다음 (용암과 이끼 긴 조약돌 버전은 제외) 선택한 양념 위에 올리고 굴려서 원하는 블록을 만든다. 각각의 정육면체를 기름칠하여 20cm 크기의 정사각형 팬에 서로 가볍게 붙도록 넣는다. 비닐 랩으로 팬을 덮고 30분간 또는 크기가 두 배가 될 때까지 부풀도록 둔다.

7. 반죽이 부풀기를 기다리는 동안 오븐은 200℃로 예열한다. 반죽이 부풀면 팬을 오븐에 놓고 30분간 또는 노릇노릇한 색이 날 때까지 빵을 굽는다.

8. 오븐에서 팬을 꺼내 5분간 식힌다.

9. 스패튤라나 버터 나이프로 팬의 가장자리를 따라 한 바퀴 둘러 빵이 팬에서 떨어지도록 한 후 빵을 꺼낸다. 빵의 윗면이 위를 향하도록 담는다. 개별 정육면체들이 하나의 커다란 블록으로 서로 붙어 있지만 균등하게 떼어낼 수 있을 것이다.

건축가의 노트:

아래의 양념들을 사용해 자신이 좋아하는 마인크래프트 블록을 만들어 보자.

- 자작나무 판자: 슈레드 모차렐라 치즈
- 석탄 광석: 포피시드(양귀비씨)
- 발광석: 다진 마늘
- 잔디: 로즈메리
- 용암: 마리나라 소스(이 정육면체 반죽들은 버터에 먼저 담그지 말고 마리나라 소스에 그냥 찍어 먹는다.)
- 이끼 긴 조약돌: 페스토(이 정육면체 반죽들도 버터에 먼저 담그지 말고 페스토에 그냥 찍어 먹는다.)
- 참나무 판자: 슈레드 체더치즈
- 붉은 모래: 파프리카 가루
- 모래: 참깨
- 양털: 강판에 간 파르메산 치즈

구운 작물

하루 종일 정원을 가꾼 날, 구운 작물로 만든 맛있는 식사를 즐기며 편안하게 집에 몸을 맡기는 것보다 더 만족스러운 일이 있을까? 정원에서 기른 허브들이 이 요리의 당근과 비트에 복합적인 풍미를 더하고, 열심히 일한 꿀벌이 만들어 준(또는 슈퍼마켓에서 구입한) 꿀은 자연스러운 단맛을 더한다.

> 난이도: 쉬움

 플레이어 유형: 농부 | 준비 시간: 10분 | 조리 시간: 25분
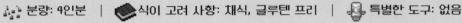 분량: 4인분 | 식이 고려 사항: 채식, 글루텐 프리 | 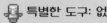 특별한 도구: 없음

재료

비트 4개

당근 4개

올리브유 3큰술

입자가 굵은 소금 1/2작은술

후추 1/2작은술

말린 로즈메리 1/2큰술

말린 타임 1/2큰술

녹인 버터 2큰술

꿀 3큰술

만드는 법

1. 오븐을 220℃로 예열한다.

2. 비트와 당근을 씻어 껍질을 벗긴 다음 0.6cm 두께로 둥글게 슬라이스한다. 비트는 좀 더 먹기 좋은 크기로 만들기 위해 슬라이스한 것을 다시 4등분 한다.

3. 자른 비트와 당근을 올리브유, 소금, 후추, 로즈메리, 타임과 함께 큰 믹싱볼에 넣고 뒤적인 다음 테두리가 있는 베이킹 시트에 흩트려서 올린다.

4. 20분간 또는 포크로 찌르면 부드러워질 때까지 굽는다.

5. 녹인 버터와 꿀을 작은 믹싱볼에 함께 넣고 섞은 후 구운 채소 위에 붓는다. 이 꿀과 버터 믹스가 채소에 골고루 묻도록 조심스럽게 뒤적인 후 오븐에 다시 넣어 5분 더 굽는다.

농부의 노트:

감자에 '싹'이 난 것처럼 표현하면서도 더 많은 영양
분을 더하고 싶다면? 베이컨 대신 잘게 썬 익힌 브로
콜리를 넣어 구운 감자에 감자 싹 특유의 녹색 느낌을
더해보자.

한입에 먹는 구운 감자

구운 감자는 마인크래프트의 주식이기도 하지만 현실 세계에서 게임을 하다 먹기에도 딱 좋은 간식이다. 원래도 작은 크기의 홍감자는 두 번 구우면 손에 들고 먹기 좋은 간식 크기로 더 작아지기 때문이다.

난이도: 보통

 플레이어 유형: 농부 | 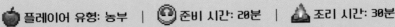 준비 시간: 20분 | 조리 시간: 30분
분량: 감자 12개 | 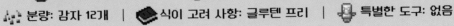 식이 고려 사항: 글루텐 프리 | 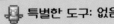 특별한 도구: 없음

재료

홍감자 12개

올리브유 2큰술

소금 1/2작은술, 나누어 사용

녹인 가염 버터 2큰술

슈레드 체더치즈 1/2컵

사워크림 1/2컵

잘게 부순 베이컨 1/4컵(베이컨 약 3장을 구워서 부순 분량)

다진 생 차이브 2큰술

후추 1/4작은술

토핑용 슈레드 체더치즈 적당량

토핑용 다진 생 차이브 적당량

만드는 법

1. 오븐을 190℃로 예열한다.

2. 감자를 깨끗이 문질러 씻은 다음 큰 믹싱볼에 올리브유, 소금 1/4작은술과 함께 넣고 섞는다. 올리브유가 감자에 골고루 묻을 때까지 뒤적인다.

3. 올리브유를 묻힌 감자를 베이킹 시트에 올리고 25~30분간 또는 칼을 찔러 넣었을 때 쉽게 들어갈 정도로 부드러워질 때까지 굽는다. 오븐에서 꺼내 15분간 식힌다.

4. 감자의 넓은 면이 바닥에 닿도록 모든 감자를 배열한 다음 각 감자의 윗부분을 잘라낸다. 작은 스푼이나 멜론 볼러를 사용해 감자의 속을 파내되 감자 껍질과 가장자리에 붙은 소량의 감자 속은 남겨둔다.

5. 파낸 감자 속을 녹인 버터와 함께 큰 믹싱볼에 넣고 부드러워질 때까지 으깬다(너무 과하게 으깨면 감자가 끈적끈적해지므로 주의하도록 한다). 체더치즈, 사워크림, 부순 베이컨, 차이브, 후추, 소금 1/4작은술을 넣는다. 믹스가 골고루 혼합될 때까지 잘 섞는다.

6. 이 감자 믹스를 속을 파낸 감자 껍질 속에 숟가락으로 떠서 넣되 살짝 넘치도록 채워서 내용물이 감자 위쪽으로 보이도록 한다. 그 위에 슈레드 치즈를 뿌린다.

7. 이 감자를 다시 오븐에 넣어 5분간 또는 윗부분이 살짝 노릇해지고 치즈가 녹을 때까지 굽는다.

8. 여분의 차이브를 각 감자 위에 뿌려서 장식한다.

호글린과 용암

호글린도 먹어버릴 수 있을 정도로 배가 고팠던 적이 있는가? 물론 포크찹을 좀 만들어 먹고 싶다면 호글린 한 마리를 용암에 밀어 넣을 수도 있을 테다. 하지만 이 진짜 퍼프 페이스트리 소시지 '무리들'은 보다 포만감을 주는 데다 나눠 먹기도 좀 더 좋다! 마치 털인 것처럼 호글린 위에 포피시드를 뿌리고 버펄로 소스에서 영감을 받은 '용암'에 찍어 먹으면 네더에서 배고픔을 느낄 일은 다시 없을 것이다.

난이도: 쉬움

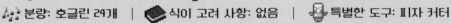

⚔ 플레이어 유형: 전사 | ⏲ 준비 시간: 10분 | 🔺 조리 시간: 20분
🎵 분량: 호글린 24개 | 📖 식이 고려 사항: 없음 | 🔧 특별한 도구: 피자 커터

재료

호글린:

밀가루(중력분) 2큰술

냉동 퍼프 페이스트리 시트 1장,
해동해서 준비

미니 칵테일 소시지 24개

달걀 1개

물 1큰술

토핑용 포피시드

용암 디핑 소스:

카옌페퍼 핫소스 1컵

무염 버터 1/2컵

식초 2큰술

우스터소스 1/2작은술

카옌페퍼 1/2작은술

마늘 가루 1/2작은술

파프리카 가루 1/4작은술

옥수수 전분 1큰술

물 1큰술

만드는 법

1. 오븐을 220℃로 예열하고 베이킹 시트에 유산지를 깔아 한쪽에 둔다.

2. 평평한 작업대에 밀가루를 뿌리고 해동한 퍼프 페이스트리 시트를 25×35cm 크기의 직사각형 모양으로 민다.

3. 잘 드는 칼이나 피자 커터를 사용해 페이스트리를 크기가 같은 24개의 직사각형 모양으로 자른다. 각각의 잘린 페이스트리 아래에(직사각형의 긴 면이 위로 가도록) 소시지 하나를 올리고 소시지를 돌돌 만다. 솔기를 꼬집어 페이스트리를 봉한다.

4. 달걀에 물을 섞고 풀어서 만든 달걀물을 붓으로 소시지 페이스트리 윗면에 바른다. 각 페이스트리 윗면 중앙에 소량의 포피시드를 한 줄로 뿌린다.

5. 20∼25분간 또는 퍼프 페이스트리가 노릇노릇해지고 얇게 벗겨질 것처럼 바삭해질 때까지 굽는다.

6. 굽는 동안 용암 디핑 소스를 만든다. 핫소스, 버터, 식초, 우스터소스, 카옌페퍼, 마늘 가루, 파프리카 가루를 소스팬에 넣고 중불에 올린다. 이 믹스가 끓기 시작할 때까지(약 3분간) 계속 저어 준다. 작은 믹싱볼에 옥수수 전분과 물을 넣고 섞어 풀을 만든 후 이를 냄비에 넣는다. 불을 중약불로 낮추고 뚜껑을 덮은 후 5분 동안 또는 소스가 걸쭉하게 될 때까지 가열한다.

7. 소스를 젓다가 불에서 내려 5분간 식힌 후 볼에 담는다.

8. 호글린이 다 구워지면 용암 디핑 소스를 담은 작은 볼과 함께 큰 접시에 담아낸다.

갓 구운 빵

만약 갓 구운 빵 발전과제를 놓친 적이 있다면 현실 세계에서 수행할 기회가 여기에 있다. 게임의 고전적인 빵 이미지에서 영감을 받은 이 아름다운 프랑스 빵 한 덩이를 만들어 보자. 게임에서 요구하는 세 가지 밀가루 대신 중력분 밀가루 3컵을 사용하면 다른 레시피들보다 더 가볍고 폭신한 빵을 만들 수 있다.

> 난이도: 보통

 플레이어 유형: 발전과제 사냥꾼 | 준비 시간: 1시간 45분

 조리 시간: 30분 | 분량: 한 덩이 | 식이 참고 사항: 채식, 유제품 무첨가

특별한 도구: 반죽 후크가 장착된 믹서, 밀대

재료

미지근한 물 1컵

활성 드라이 이스트 1/2큰술

설탕 1과 1/2작은술

소금 1과 1/2작은술

밀가루(중력분) 3컵

달걀 흰자 1개분

물 1작은술

만드는 법

1. 반죽 후크가 장착된 스탠드 믹서의 믹싱볼에 물, 이스트, 설탕을 넣고 섞는다. 5분간 또는 거품이 생길 때까지 그대로 둔다.

2. 이 믹싱볼에 소금과 밀가루 1컵을 넣고 30초간 느린 속도로 섞는다. 한 번에 1/2컵씩 밀가루를 추가하며 느린 속도로 계속 젓다가 중간 속도로 올려 1분간 또는 반죽이 완전히 섞일 때까지 젓는다. 반죽이 매끈해야 한다. 만약 반죽이 끈적끈적하게 달라붙으면 밀가루를 소량 추가한다.

3. 이 반죽을 기름칠한 믹싱볼에 넣고 타월로 덮어 1시간 동안 또는 두 배로 커질 때까지 부풀기를 기다린다.

4. 밀가루를 뿌린 작업대에 반죽을 올리고 주먹으로 내려친다. 밀대를 사용하여 약 38x20cm 크기의 직사각형 모양으로 만든다.

5. 반죽을 긴 면부터 굴려 38cm 길이의 원통을 만든다. 가장자리가 안쪽을 향하도록 하고 모든 솔기를 꼬집어서 봉한다.

6. 반죽의 솔기가 아래를 향하도록 하여 유산지를 깐 베이킹 시트에 올린다. 달걀 흰자에 물 한 작은술을 넣고 푼 달걀물을 붓으로 반죽 위에 바른다. 반죽 윗부분에 가로 방향으로 비스듬하게 칼집을 두 번 낸다.

7. 빵을 타월로 가볍게 덮고 부풀어 오르도록 30분간 둔다. 부풀어 오르는 동안 오븐을 190℃로 예열한다.

8. 오븐에 넣고 20~25분간 또는 빵 윗면이 노릇노릇해지고 빵을 두드렸을 때 속이 빈 소리가 날 때까지 굽는다. 이후 슬라이스하여 버터를 위에 바르고 따뜻할 때 먹는다.

드래곤의 숨결

엔더 드래곤의 숨결은 너무나도 고약해서 공격할 때 사용할 수도 있고 약효가 오래 가는 물약을 만들 정도로 강력하기도 하다. 엔더 드래곤이 마늘과 양파를 정말로 즐겨 먹는다는 사실을 알고 있는가? 이 레시피는 유리병에 직접 만든 드래곤의 숨결을 덜 위험한 방법으로 담을 수 있는 방법이다. 효과가 진정으로 오래 지속되는 물약을 얻을 수 있다. 물론 좋은 의미에서. 사실 이것은 샐러드, 육류, 채소, 빵의 맛을 향상시키는 다용도 조미료다.

> ### 난이도: 쉬움

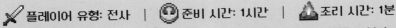

⚔️ 플레이어 유형: 전사 | ⏲️ 준비 시간: 1시간 | 🔺 조리 시간: 1분

🎚️ 분량: 300mL 용량의 병 1개분 | 📖 식이 고려 사항: 채식, 비건, 유제품 무첨가, 글루텐 프리

🎙️ 특별한 도구: 없음

재료

레드 와인 식초 1/4컵

설탕 1큰술

입자가 굵은 소금 3/4작은술

얇게 슬라이스한 적양파 1/4개분

엑스트라 버진 올리브유 1/3컵

작은 레몬에서 짠 레몬즙 약 1/4컵

마늘 10톨

레드 페퍼 플레이크 1/4작은술

후추 1/4작은술

만드는 법

1. 식초, 설탕, 소금을 소스팬에 넣고 중불에 올려 설탕과 소금이 녹을 때까지 약 1분간 저어가며 가열한다.

2. 불에서 소스팬을 내리고 양파를 넣는다. 피클이 되도록 1시간 동안 한쪽에 둔다.

3. 올리브유, 레몬즙, 마늘, 레드 페퍼 플레이크, 후추를 약 300mL의 유리병에 넣고 앞서 만든 양파 피클과 식초액을 넣는다. 병을 단단히 닫아 20초간 또는 용액이 완전히 섞일 때까지 흔든다. 냉장고에 넣어 보관하고 사용하기 전에 빠르게 흔들어 준다.

> **전사의 노트:**
> 드래곤의 숨결을 만들고 나면 이를 다양한 방법으로 맛있게 활용할 수 있다. 다음과 같이 사용해 보자.
> - 샐러드 드레싱
> - 슬라이스한 빵을 굽기 전에 바르는 조미액
> - 육류 마리네이드
> - 채소나 감자 마리네이드

제련된 조각

마인크래프트 세계에서든 현실 세계에서든 진짜 금은 대단한 것이다. 하지만 빵가루를 입힌 녹인 치즈와 비교할 수 있을까? 절대 그렇지 않다! 게임 속 용광로를 제련하느라 바쁠 때 맛있는 치즈 조각을 한 접시 정도 튀겨보자. 이 조각이 아주 귀중한 보물임을 확신하게 될 것이다. 그러니까 황금…, 아니 치즈 조각 말이다.

난이도: 쉬움

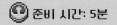 플레이어 유형: 발명가 | 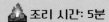 준비 시간: 5분 | 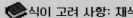 조리 시간: 5분
 분량: 치즈 커드 약 450g | 식이 고려 사항: 채식
특별한 도구: 조리용 온도계

재료

식용유 530mL 또는 냄비에 치즈 커드가 푹 잠길 정도로 충분한 양

밀가루(중력분) 1컵

베이킹 소다 1작은술

소금 1작은술

후추 1/2작은술

마늘 가루 1/2작은술

버터밀크 1컵

달걀 1개

치즈 커드 450g

만드는 법

1. 큰 소스팬이나 무쇠 냄비에 기름을 넣고 190℃가 될 때까지 센불에서 가열한다. 중불로 낮추고 기름의 온도를 살피며 190℃를 일정하게 유지하도록 한다.

2. 밀가루, 베이킹 소다, 소금, 후추, 마늘 가루를 큰 믹싱볼에 넣고 섞은 다음 버터밀크와 달걀을 넣는다. 완전히 섞일 때까지 함께 젓는다.

3. 이 반죽 믹스에 치즈 커드를 담가 완전히 반죽옷을 입힌 후 구멍이 뚫린 숟가락으로 건져낸다.

4. 8~10개의 치즈 커드를 한 번에 뜨거운 기름에 넣어 튀기되 서로 몰려서 뭉치지 않도록 주의한다.

5. 중간에 한 번 뒤집으며 1분간 튀긴 후 꺼내 키친타월을 깐 접시에 올려 여분의 기름기를 제거하고 식힌다.

6. 기름의 온도를 다시 190℃로 올리고 8~10개 정도의 치즈 커드를 더 튀긴다. 나머지 치즈 커드도 같은 방식으로 계속해서 튀긴다.

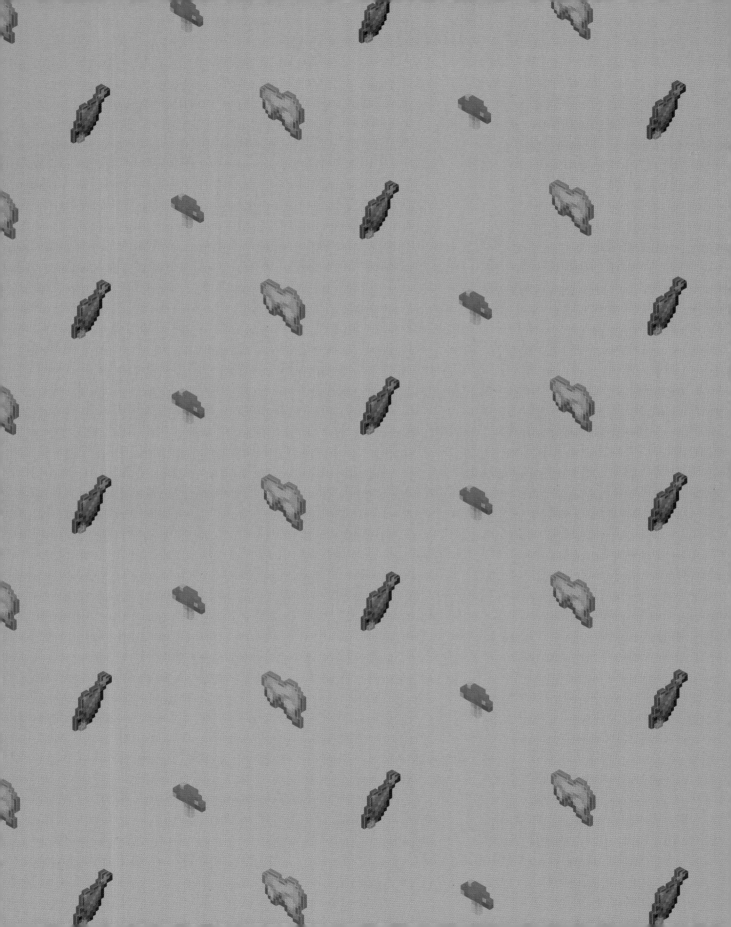

메인 요리

버섯 들판 '스테이크'

게임을 하다가 이 커다란 버섯을 처음 마주한다면 먹고 싶다는 반응이 안 나올 수도 있다. 하지만 먹어도 괜찮다. 커다랗고 푸짐한 버섯은 육즙이 가득한 스테이크만큼이나 맛있는 데다 건강에는 훨씬 좋다. 우리의 삶에서 만나는 모든 육류 애호가를 위해 이 요리를 만들어 보자. 앞으로 몇 년 동안은 이 버섯에 대한 칭송을 입에 달고 다닐지도 모른다.

> 난이도: 쉬움

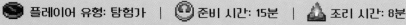 플레이어 유형: 탐험가 | 준비 시간: 15분 | 조리 시간: 8분

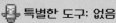 분량: 버섯 '스테이크' 4개 | 식이 고려 사항: 채식, 비건, 유제품 무첨가, 글루텐 프리

특별한 도구: 없음

재료

포토벨로 버섯 4개

올리브유 1/4컵

발사믹 식초 3큰술

비건 우스터소스 1큰술

입자가 굵은 소금 1/2큰술

후추 1/2큰술

마늘 가루 2작은술

양파 가루 1작은술

훈제 파프리카 가루 1/2작은술

만드는 법

1. 버섯의 밑동을 제거하고 마른 솔이나 물에 살짝 적신 종이 타월로 버섯을 닦는다.

2. 올리브유, 발사믹 식초, 우스터소스, 향신료들을 크고 얕은 캐서롤 그릇에 넣고 섞는다. 버섯에 이 마리네이드를 붓으로 바르고 10분간 재워 두되 중간에 한번 뒤집어 준다(버섯이 모두 들어가지 않는다면 버섯 두 개만 먼저 넣고 굽는 동안 나머지 두 개를 재우면 된다).

3. 그릴이나 그릴 팬 또는 프라이팬을 중강불에 올리고 붓으로 기름칠한다. 버섯의 각 면을 3~4분간 또는 노릇한 갈색이 나고 부드러워지면서 그릴 자국이 생길 때까지 굽는다(그릴을 사용하는 경우).

가락 동굴

동굴 탐험을 하다가 파스타 생각이 간절해질 거라고 짐작하지 못하겠지만, 마인크래프트에선 유형에 따라 동굴에 치즈, 스파게티, 가락 등의 이름을 붙여 놓는다. 이 부카티니 파스타는 클래식 파스타 요리인 카초 에 페페를 변형한 것으로 길고 가는 동굴에 딱 어울리는 모양을 하고 있다. 섬세한 동굴 탐험가처럼 치즈와 후추라는 간단하면서도 맛있는 이 조합을 앞으로의 요리 탐험을 위한 근거로 활용할 수 있을 것이다.

난이도: 보통

 플레이어 유형: 탐험가 | 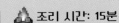 준비 시간: 5분 | 조리 시간: 15분
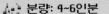 분량: 4~6인분 | 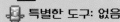 식이 참고 사항: 채식 | 특별한 도구: 없음

재료

부카티니 450g

가염 버터 1/4컵

갓 갈아 놓은 후추 2작은술

파스타 삶은 물 1컵

강판에 간 페코리노 로마노 치즈 1컵

강판에 간 파르메산 치즈 1컵

탐험가의 노트:

옆 장의 사진처럼 동굴을 좀 더 푸릇하게 만들고 싶다면? 파스타를 팬에 넣은 직후 시금치나 루콜라를 같이 몇 줌 넣고 30초간 또는 채소의 풀이 죽기 시작할 때까지 볶는다. 남은 치즈를 넣고 레시피에 나온 대로 계속 조리한다.

만드는 법

1. 큰 솥에 물과 소금을 넣고 끓인다. 이어서 부카티니를 넣고 알 덴테로 익을 때까지 포장지에 적힌 시간 또는 약 9분 동안 조리한다.

2. 부카티니가 익는 동안 카초 에 페페 소스를 만들기 시작한다. 먼저 큰 소스팬에 버터를 넣고 중불에 올려 녹인 후 후추를 넣고 1분간 볶는다.

3. 부카티니가 다 익으면 파스타를 건져내지 않고 그냥 솥을 불에서 내린다. 파스타 삶은 물 1컵을 카초 에 페페 소스에 붓는다. 페코리노 로마노 치즈 1/2컵과 파르메산 치즈 1/2컵을 넣고 혼합물이 매끈한 소스가 될 때까지 젓는다. 불은 약불에 맞춘다.

4. 집게를 사용하여 익힌 파스타를 솥에서 냄비로 옮긴다. 파스타를 소스에 버무려 코팅한 다음 남은 페코리노와 파르메산 치즈를 넣는다. 파스타에 소스가 고르게 묻을 때까지 계속 섞는다.

5. 파스타를 접시에 담고 후추와 파르메산 치즈를 더 뿌려서 식탁에 올린다.

평원 케밥

마인크래프트의 많은 음식 옵션들 중에 무엇을 만들지 어떻게 선택한단 말인가? (스포일러 주의!) 사실 고를 필요는 없다! 닭고기, 돼지고기, 소고기, 채소 등으로 만든 케밥으로 평원의 풍요로움을 즐겨 보자. 현실에서 게임처럼 모닥불을 피워 요리해도 되고, 그릴에 잔뜩 구워 친구들을 초대해 멋진 바비큐 파티를 가져도 좋다.

난이도: 보통

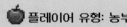 플레이어 유형: 농부 | 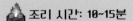 준비 시간: 1시간 30분 | 🔥 조리 시간: 10~15분

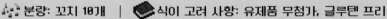 분량: 꼬치 10개 | 📕 식이 고려 사항: 유제품 무첨가, 글루텐 프리

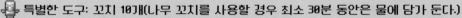 특별한 도구: 꼬치 10개(나무 꼬치를 사용할 경우 최소 30분 동안은 물에 담가 둔다.)

재료

올리브유 1컵

작은 레몬 2개에서 짠 레몬즙 약 1/2컵

마늘 가루 2작은술

오레가노 2작은술

입자가 굵은 소금 1작은술

후추 1/2작은술

레드 페퍼 플레이크 한 꼬집

5cm 크기의 정육각형으로 자른
돼지 등심 450g

5cm 크기의 정육각형으로 잘라
뼈와 껍질을 제거한 닭가슴살 450g

5cm 크기의 정육각형으로 자른
소고기 등심 450g

웨지 모양으로 자른 적양파 1개분

웨지 모양으로 자른 빨간 파프리카 1개분

웨지 모양으로 자른 노란 파프리카 1개분

양송이버섯 12개

만드는 법

1. 올리브유, 레몬즙, 마늘 가루, 오레가노, 소금, 후추, 레드 페퍼 플레이크를 물이 새지 않는 큰 지퍼백에 넣고 20초간 또는 완전히 섞일 때까지 흔든다.

2. 이 마리네이드가 담긴 지퍼백에 고기를 넣고 최소 1시간에서 최대 하룻밤 동안 냉장고에 둔다.

3. 그릴을 중강불로 달군다.

4. 고기와 채소를 번갈아 가며 꼬치에 끼우되, 꼬치마다 고기와 채소가 다양하게 들어가도록 한다. 소금과 후추로 간을 한다.

5. 꼬치를 10~15분간 굽되 몇 분마다 한 번씩 뒤집으면서 마리네이드를 더 바른다. 고기에 탄 자국이 살짝 생길 정도로 잘 익으면 꼬치구이가 완성된 것이다.

> **농부의 노트:**
> 살짝 덜 익힌 소고기를 선호한다면? 고기별로 다른 꼬치에 각각 따로 꽂아 취향에 맞게 조리 시간을 조절하면 된다.

치킨 조키 샌드위치

닭에 올라탄 좀비화 피글린은 보기 드물지만 잊을 수 없는 모습이다. 여기에 영감을 받아 만든 먹음직스러운 치킨 조키 샌드위치는 페스토와 베이컨이 올라탄 모양을 하고 있다. 샌드위치를 조합하고 나서 눈을 가늘게 뜨고 보면 닭은 느낌을 받을 수도 있다. 아니면 그냥 눈을 감고 이 새로운 음식을 한 입 베어 물기만 해도 좋다. 그리고 다음번에 게임을 하다 치킨 조키를 발견하고 군침이 돌더라도 나를 탓하진 말라!

난이도: 보통

플레이어 유형: 전사 | 준비 시간: 5분 | 조리 시간: 12분
본량: 샌드위치 2개 | 식이 고려 사항: 없음 | 특별한 도구: 고기 망치

재료

두껍게 자른 베이컨 4조각

뼈와 껍질을 제거한 닭가슴살 1개

소금 1/4작은술

후추 1/4작은술

프로볼로네 슬라이스 치즈 2장

반으로 자른 브리오슈 번 2개

마요네즈 2큰술

페스토 2큰술

토마토 슬라이스 2개

상추 2조각

만드는 법

1. 큰 프라이팬에 베이컨 슬라이스를 나열해 놓고 중강불에 올려 각 면을 3분 또는 베이컨이 바삭하게 될 때까지 굽는다. 베이컨을 꺼내 종이 타월을 깔아 놓은 접시 위에 올리고 베이컨 기름은 프라이팬에 남겨둔다.

2. 닭가슴살을 세로로 길게 반으로 자르고 유산지로 덮은 후 고기 망치(또는 밀대 같은 무겁고 뭉툭한 도구)로 두드려 두 조각이 모두 약 1.3cm 두께가 될 때까지 두드린다. 닭가슴살 양쪽에 소금과 후추를 뿌리고 큰 프라이팬에 넣고 중강불에서 굽는다. 닭고기의 각 면을 3~4분 또는 완전히 익을 때까지 조리한다(닭고기를 만졌을 때 단단하게 느껴지고 내부 온도가 74℃가 되어야 한다).

3. 조리 마지막 순간에 프로볼로네 치즈를 닭가슴살 조각 위에 올리고 녹인다.

4. 브리오슈 번을 구운 다음 번의 안쪽으로 양면 모두에 마요네즈를 얇게 펴 바른다.

5. 아래쪽 번 위에 닭고기를 올린 다음 녹인 치즈 위로 페스토를 한 겹 바른다.

6. 이 위에 베이컨 2조각을 얹은 다음 토마토, 상추를 올리고 번의 윗면으로 덮는다.

뒤틀린 숲
납작빵 피자

빠르게 만들 수 있는 납작빵 피자로 네더의 뒤틀린 숲으로 떠나는 다음 여행을 위한 에너지를 충전해 보자. 버섯, 선 드라이드 토마토, 루콜라 등이 진홍빛 균, 진홍색 뿌리, 뒤틀린 네사체를 나타낸다. 납작빵 크러스트는 부풀리는 과정을 거칠 필요 없이 빠르게 만들 수 있으므로 지체 없이 여행을 떠날 수 있다.

> 난이도: 보통

 플레이어 유형: 탐험가 | 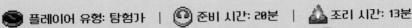 준비 시간: 20분 | 조리 시간: 13분

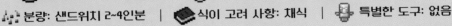 분량: 샌드위치 2~4인분 | 식이 고려 사항: 채식 | 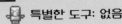 특별한 도구: 없음

재료

소스:

홀토마토 800g 용량 1캔(가급적이면 산 마르자노 품종)

입자가 굵은 소금 1/2작은술

올리브유 1/4컵

레드 페퍼 플레이크 한 꼬집(선택사항)

반죽:

밀가루(중력분) 1과 1/2컵

소금 1/2작은술

말린 로즈메리 1/2작은술

미지근한 물 1/2컵

올리브유 1과 1/2큰술

덧가루용 옥수숫가루

만드는 법

소스 만들기:

1. 토마토 캔의 내용물을 믹싱볼에 붓고 토마토를 덩어리가 조금 남아 있는 소스가 될 때까지 손으로 으깬다. 올리브유와 토마토 소스가 완전히 섞일 때까지 소금을 같이 넣고 휘저은 다음 매콤한 소스를 원한다면 레드 페퍼 플레이크를 넣는다. 그리고 사용할 때까지 냉장고에 보관한다(이 레시피에 사용하면 소스가 조금 남을지도).

납작빵 만들기:

1. 오븐을 최고 온도로 예열한다(대체로 260~290℃). 오븐이 예열되는 동안 베이킹 시트를 오븐에 넣어 둔다.

2. 밀가루, 소금, 로즈메리를 큰 믹싱볼에 넣고 섞는다.

3. 물과 올리브유를 넣고 완전히 섞일 때까지 손으로 섞는다.

4. 반죽을 밀가루를 뿌린 작업대 위로 옮기고 매끈하고 탄력이 생길 때까지 1분간 치댄다(반죽이 너무 끈적거리면 밀가루를 1큰술씩 더 추가한다).

5. 반죽을 길고 납작한 타원형(약 40x20cm)으로 민다.

* 만드는 법은 다음 페이지에서 계속

토핑:

수분이 적은 우유(전지방)로 만든 모차렐라 치즈 170g, 약 1.3cm 크기의 정육면체로 잘라 사용

선 드라이드 토마토 1과 1/2큰술

얇게 슬라이스한 브라운 양송이버섯 2개분

베이비 루콜라 1/4컵

강판으로 간 파르메산 치즈, 레드 페퍼 플레이크, 완성된 피자를 장식할 오레가노 (선택사항)

6. 오븐 장갑을 사용해 베이킹 시트를 꺼내고 옥수숫가루를 뿌린다. 타원형으로 민 반죽을 이 베이킹 시트에 올리고 다시 오븐에 넣어 5~7분간 또는 가장자리가 노릇노릇해지되 완전히 익지는 않을 때까지 굽는다(토핑을 추가한 후 계속 굽게 될 예정이다).

7. 오븐에서 피자를 꺼낸다. 납작빵 가운데에 소스 3/4컵을 올리고 숟가락 뒷면을 이용해 나머지 크러스트에 가볍게 펴 바르되 가장자리 1.3cm 정도의 테두리에는 바르지 않는다. 소스 위에 모차렐라 치즈를 골고루 뿌리고 선 드라이드 토마토와 버섯을 얹는다. 크러스트 가장자리에 올리브유를 바른다.

8. 6분 더 또는 크러스트가 갈색이 되고 치즈도 녹아서 갈색이 되기 시작할 때까지 굽는다.

9. 납작빵을 오븐에서 꺼내 도마 위에 올린다. 몇 분간 가만히 두었다가 루콜라를 얹는다. 강판으로 간 파르메산 치즈, 레드 페퍼 플레이크, 오레가노를 살짝 뿌리고 피자를 흔든다.

10. 사각형으로 잘라 식탁에 올린다.

땅에 묻힌 보물 파이

맛있는 식사를 즐기는 것은 오랜 시간 파던 땅에 묻혀 있던 보물을 발견하는 것과 같다. 노력했으니 이제는 그 수확물을 거둘 때다. 얇게 바스러지는 이 '보물 상자'의 크러스트를 가르면 맛있게 익은 연어라는 보상을 얻을 수 있을 것이다. 연어는 비록 바다의 심장은 아니지만 시금치와 함께 먹으면 심장 건강에 좋다.

난이도: 어려움

 플레이어 유형: 탐험가 | 준비 시간: 20분 | 조리 시간: 30분
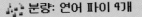 분량: 연어 파이 9개 | 식이 고려 사항: 없음 | 특별한 도구: 밀대

재료

가염 버터 2큰술

다진 양파 1개분

베이비 시금치 6컵

다진 마늘 2톨분

크림 치즈 2/3컵

빵가루 1/4컵

파르메산 치즈 1/4컵

입자가 굵은 소금 3/4작은술, 나누어 사용

후추 1/2작은술, 나누어 사용

작업대에 뿌릴 밀가루(중력분) 2큰술

해동한 퍼프 페이스트리 시트 2장

껍질을 제거한 연어 필렛 170g

레몬즙 1/2개분

달걀 1개

물 1큰술

만드는 법

1. 오븐을 205℃로 예열하고 베이킹 시트에 유산지를 깔아 한쪽에 둔다.

2. 큰 소스팬에 버터를 넣고 중불에 올려 녹인 후 다진 양파를 넣는다. 3~5분간 또는 양파가 부드러워지고 반투명해질 때까지 볶는다.

3. 시금치와 마늘을 넣고 1분간 또는 시금치가 풀이 죽기 시작할 때까지 익힌다. 크림 치즈를 넣고 녹으면 빵가루, 파르메산 치즈, 소금과 후추를 각각 1/4작은술씩 넣는다. 잘 섞은 후 불에서 내린다.

4. 도마에 밀가루를 뿌린 다음 접힌 페이스트리 시트를 펼치고 두 시트를 모두 반으로 자른다. 밀대를 사용하여 각 시트를 절반 두께로 납작하게 민다. 연어 필렛의 양면에 소금과 후추를 뿌려 간을 한 다음 필렛 한 조각을 윗면이 아래로 향하게 하여 각 페이스트리 시트의 중앙에 놓는다. 필렛에 레몬즙을 조금 짜준다.

5. 연어 위에 시금치 믹스 1/4을 얹고 필렛 위를 고르게 덮을 수 있도록 펴 바른다.

6. 퍼프 페이스트리의 가장자리를 선물 포장하듯 접은 다음, 이 페이스트리 꾸러미를 봉합한 부분이 아래로 가도록 하여 유산지를 깐 베이킹 시트에 올린다.

7. 잘 드는 칼을 사용하여 페이스트리 꾸러미의 중앙에 'X'자 모양으로 칼집을 낸다.

8. 달걀과 물을 휘저어 달걀물을 만든 다음 각 페이스트리 꾸러미 윗부분에 붓으로 바른다.

9. 30분간 또는 페이스트리가 노릇노릇하고 바삭해질 때까지 굽는다.

맛있는 생선

마인크래프트 게임 안에서 생선을 익히면 맛있는 생선 발전과제를 달성할 수 있다. 게임 밖의 현실 세계에서 생선을 요리할 경우에는 과제 보상을 받지는 못하겠지만 맛있는 생선을 먹는 만족감은 얻을 수 있다. 이 대구 레시피는 향후 생선 요리 발전과제를 성공시키는 데 도움을 줄 훌륭한 기본 요리법이다.

난이도: 쉬움

🥈 플레이어 유형: 발전과제 사냥꾼　|　⏲ 준비 시간: 5분　|　🔺 조리 시간: 20분

🎵 분량: 2인분　|　📙 식이 고려 사항: 글루텐 프리　|　⚒ 특별한 도구: 없음

재료

생대구 450g, 두 조각으로 잘라 사용

올리브유 3큰술, 나누어 사용

입자가 굵은 소금 1/2작은술

후추 1/2작은술

파프리카 가루 1/2작은술

웨지 모양으로 자른 레몬 1개분과 얇고 동그랗게 슬라이스한 것 1/2개분

가염 버터 2큰술

만드는 법

1. 오븐을 205℃로 예열한다.

2. 키친타월로 대구를 두드려 물기를 닦은 다음 올리브유 1큰술을 뿌린다. 여기에 소금, 후추, 파프리카 가루도 뿌린다.

3. 나머지 올리브유를 큰 오븐용 팬에 넣고 센불에서 달군다. 대구를 윗면이 아래로 향하도록 팬에 넣고 3분간 건드리지 않고 굽는다.

4. 대구를 뒤집어 동그란 레몬 슬라이스를 팬에 넣은 후 이 팬을 오븐으로 옮긴다. 12~14분간 또는 생선이 단단하게 될 때까지 굽는다.

5. 팬을 조심스럽게 꺼내고(오븐 장갑을 사용해야 한다. 손잡이가 뜨거울 테니!) 작게 자른 버터를 넣고 녹인다. 녹인 버터를 숟가락으로 떠서 생선 위에 올린다.

6. 레몬 웨지와 함께 장식하여 완성한다.

수상한 스튜

이 스튜가 그리 수상한가? 엉뚱한 꽃을 넣는 바람에 실수로 나 자신을 독살하는 건 아닐까 하는 걱정은 마라. 이 레시피를 사용하면 안전하다. 사실 이 비건 버섯 렌틸콩 스튜는 아주 건강하고 푸짐하기 때문에 긍정적인 효과만 가져다주리라 기대해도 된다! 맛과 영양을 좀 더 더하고 싶다면 좋아하는 채소를 자유롭게 추가하여 즐겨도 좋다.

> **난이도: 보통**

🍎 플레이어 유형: 농부 | ⏱️ 준비 시간: 5분 | ⛰️ 조리 시간: 35분
🍲 분량: 스튜 4그릇 | 📖 식이 고려 사항: 채식, 비건, 유제품 무첨가
🔪 특별한 도구: 없음

재료

카놀라유 1큰술

다진 양파 1개분

브라운 혹은 일반 양송이버섯 225g, 반으로 갈라서 사용

1.3cm 크기로 깍둑썰기한 감자 3개분

깍둑썰기한 당근 1개분

다진 마늘 4톨분

채소 육수 4컵

토마토 페이스트 3큰술

간장 2큰술

씻은 브라운 렌틸콩 1/2컵

소금, 후추 적당량

잘게 썬 녹색 채소 1컵

만드는 법

1. 큰 일반 냄비나 무쇠 냄비에 기름을 두르고 중강불에 올린 다음 양파를 넣는다. 6분간 또는 양파가 부드러워지고 반투명해질 때까지 볶는다.

2. 버섯, 감자, 당근, 마늘을 냄비에 넣고 2분간 더 볶는다.

3. 채소 육수, 토마토 페이스트, 간장, 렌틸콩을 넣고 빠르게 저어 준다. 끓어오를 때까지 강불에서 가열한다.

4. 중불로 줄이고 뚜껑을 덮어 20분간 뭉근하게 끓인다.

5. 스튜의 맛을 본 후 소금과 후추로 간을 맞추고 원하는 채소를 넣어 5분간 더 끓이거나 채소의 풀이 죽을 때까지 끓인다.

무시룸 버거

위풍당당한 무시룸 만세! 버섯에 소고기를 더했으니 얼마나 맛있겠는가! 구운 버섯과 양파를 얹은 이 트러플 스위스 치즈 버거는 균으로 뒤덮인 희귀한 몹에서 영감을 받은 것이다.

> 난이도: 보통

🎮 플레이어 유형: 탐험가 | ⏱ 준비 시간: 5분 | 🔺 조리 시간: 18분

🍽 분량: 버거 4개 | 📖 식이 고려 사항: 없음 | 🔧 특별한 도구: 없음

재료

버거 패티:

기름기가 적은 소고기 다짐육 680g

트러플 소금 1작은술

후추 1/2작은술

버섯과 양파:

가염 버터 3큰술

밑동을 잘라내고 슬라이스한 다양한 버섯 225g

반으로 잘라 얇게 슬라이스한 양파 1/2개분

발사믹 식초 2큰술

입자가 굵은 소금 한 꼬집

후추 한 꼬집

토핑:

마요네즈 2큰술

다진 마늘 1작은술

레몬즙 1작은술

입자가 굵은 소금 한 꼬집

후추 한 꼬집

스위스 치즈 4장

반으로 자른 브리오슈 번 4개

찢은 루콜라 1/2컵

만드는 법

1. 다진 소고기, 트러플 소금, 후추를 믹싱볼에 넣고 섞은 다음 이 소고기 믹스를 네 덩이로 나눈다. 이 4개의 덩이를 패티 모양으로 만들어 한쪽에 둔다.

2. 큰 프라이팬에 버터를 넣고 중강불에 올려 녹인다. 버섯, 양파, 발사믹 식초, 소금, 후추를 넣고 7~10분간 또는 양파와 버섯이 부드러워지고 노릇한 갈색이 될 때까지 볶는다. 이 버섯 믹스를 접시에 담고 포일로 덮어 한쪽에 둔다.

3. 프라이팬을 센불에 올리고 패티를 넣어 각 면을 6~8분간 또는 내부 온도가 71℃가 될 때까지 익힌다.

4. 조리 마지막 순간에 각각의 패티 위에 스위스 치즈를 한 장씩 올려 마무리한다.

5. 마요네즈, 마늘, 레몬즙, 소금, 후추를 함께 섞어 마늘 아이올리 소스를 만든다.

6. 브리오슈 번을 토스트하고 번의 안쪽에 아이올리를 얇게 펴 바른다.

7. 아래쪽 번 위에 루콜라를 올린 다음 버거 패티를 올리고 버섯 믹스를 1/4 정도 올린다. 위쪽 번으로 덮어 마무리한다.

허스크 타말레

허스크는 무시무시한 사막 좀비다. 하지만 이는 중앙아메리카 전통 요리에서 타말레를 감싸는 데 사용되는 옥수수 겉껍질의 이름이기도 하다. 어쩌면 우연한 일이 아닐 수도 있는데, 마인크 래프트에서 영감을 받은 이 타말레를 요리하는 동안 배가 너무 고파서 좀비에게 공격당한 듯한 기분이 들 수도 있다. 이때 게임 속 몹처럼 감자, 당근, 살코기(걱정 마라. 닭고기 살이다)가 들어가 맛있는 한 끼가 되어준다.

난이도: 어려움

⚔️ 플레이어 유형: 전사 | 🍲 준비 시간: 40분 | 🔺 조리 시간: 30분
🎵 분량: 타말레 12개 | 📕 식이 고려 사항: 유제품 무첨가, 글루텐 프리
🎙️ 특별한 도구: 믹서, 찜기

재료

말린 옥수수 껍질(약 20개)

올리브유 2큰술

큰 닭가슴살 또는 허벅지살 1개(약 225g)

타코 시즈닝 7g

살사 1/4컵

닭고기 육수 3컵, 나누어 사용

껍질을 벗겨 약 1.3cm 크기로 깍둑썰기 한 홍감자 큰 것(약 225g) 1개분

해동한 냉동 옥수수 알갱이 1/2컵

레드 엔칠라다 소스 1/2컵

라드(또는 쇼트닝) 2/3컵

마사 하리나 2컵

베이킹 파우더 1작은술

소금 1/2작은술

커민 1/2작은술

전사의 노트:

기성품 타코 시즈닝을 구할 수 없다면? 다음 재료들을 조합하여 직접 만들 수도 있다.

칠리 파우더 1/2작은술, 커민 1/2작은술, 마늘 가루 1/2작은술, 파프리카 가루 1/2작은술, 오레가노 1/4작은술, 양파 가루 1/4작은술, 소금 1/4작은술, 후추 1/4작은술. 여기에 레드 페퍼 플레이크를 살짝 넣어 매운맛을 조금 더해도 좋다.

* 칠리 파우더 : 멕시코나 미국 남부식 요리에 많이 사용되는 향신료의 일종으로 멕시코 스타일의 고춧 가루에 커민, 오레가노 등 각종 향신료를 섞어 놓은 것을 말한다. - 역자 주

만드는 법

1. 옥수수 껍질을 물에 담그는 것부터 시작한다. 옥수수 껍질을 큰 그릇에 넣고 따뜻한 물을 붓는다. 30분간 또는 껍질이 부드러워질 때까지 담가 둔다(이것들이 좀비로 변하지는 않을 것이다. 약속한다!).

2. 필링을 조리한다. 먼저 프라이팬을 중불에 올리고 올리브유를 넣는다. 닭고기에 타코 시즈닝을 바른 다음 프라이팬에서 한 면당 2~3분간 굽는다. 살사, 닭고기 육수 1컵, 감자를 넣는다. 프라이팬에 뚜껑을 덮고 15~20분간 또는 닭고기를 잘게 찢을 수 있을 때까지 익힌다. 익힌 닭고기는 잘게 찢어 옥수수와 함께 프라이팬에 다시 넣는다. 1분간 또는 옥수수가 따뜻해질 때까지 조리한다. 물기를 제거하고 이 내용물을 믹싱볼에 담아 엔칠라다 소스와 섞은 후 한쪽에 둔다.

3. 반죽을 만든다. 라드와 닭고기 육수 1큰술을 스탠드 믹서에 넣고 폭신한 질감이 될 때까지 섞는다. 마사 하리나, 베이킹 파우더, 소금, 커민을 넣고 함께 섞는다. 이어서 나머지 육수(총 2컵)를 천천히 추가하면서 저속으로 섞는다. 믹서의 속도를 중간으로 올리고 10분간 또는 반죽이 스펀지처럼 폭신폭신하게 될 때까지 섞되 가끔씩 믹서를 멈추고 볼의 측면을 긁어낸다.

4. 옥수수 껍질을 물에서 꺼내 종이 타월 위에 올려놓는다. 이때 껍질은 한 번에 하나씩 놓고 반죽을 약 3큰술씩 껍질에 올리고 펴서 두께가 약 0.6cm, 크기는 약 8x10cm가 되는 사각 모양을 만든다.

5. 사각형 반죽의 중앙에 1과 1/2큰술의 필링을 한 줄로 올린다. 필링 위로 마사 반죽을 덮으며 껍질을 길쭉한 모양이 되도록 세로로 접는다. 나머지 껍질 끝부분도 세로로 접은 다음 부리토를 만들 듯 껍질의 위쪽과 아래쪽을 접는다. 나머지 타말레도 계속해서 이렇게 만든다.

6. 찜기 바닥에 옥수수 껍질을 추가로 깔고 타말레를 똑바로 세워 찜기에 넣는다. 불린 옥수수 껍질이나 젖은 수건을 타말레 위에 얹고 뚜껑을 덮는다.

7. 찜기 물이 끓어오르면 약하게 줄여 45~60분간 찐다. 껍질이 타말레에서 쉽게 벗겨지면 타말레가 다 익은 것이다.

8. 타말레의 모양이 단단하게 잡힐 수 있도록 10분간 그대로 두었다가 껍질을 벗겨 맛있게 먹으면 된다.

레드스톤 가루 양념

음식에 풍미를 조금 더 불어넣고 싶은가? 레드스톤 가루에서 영감을 받은 이 양념을 사용하면 우리가 만드는 모든 요리에 강렬한 자극을 더할 수 있다. 게임처럼 파워를 전달하는 것은 아니지만 매콤달콤한 훈연의 향을 전달해 줘서 닭고기나 갈비 등 그릴에서 굽는 요리에 사용하기에 완벽하다.

난이도: 쉬움

플레이어 유형: 발명가 | 준비 시간: 2분 | 조리 시간: 없음
분량: 마른 양념 3/4컵 (약 2.7kg)
식이 고려 사항: 채식, 비건, 유제품 무첨가, 글루텐 프리 | 특별한 도구: 없음

재료

흑설탕 1/4컵

훈제 파프리카 가루 2큰술

입자가 굵은 소금 2큰술

마늘 가루 1큰술

칠리 파우더 1큰술

후추 2작은술

양파 가루 1작은술

카옌페퍼 1작은술

커민 1작은술

만드는 법

1. 모든 재료를 함께 섞어 병에 넣는다.

2. 고기나 채소는 450g당 2큰술을 뿌리고 손으로 문질러 양념이 골고루 묻도록 한다. 15분 이상 그대로 두었다가 평소에 하던 방식대로 고기를 조리한다.

'훈연기' 차돌양지

현실 세계에서 어떻게 마인크래프트의 훈연기 환경을 재현할 수 있을까? 맛을 더해주면 된다!
리퀴드 스모크, 우스터소스 그리고 갖가지 향신료로 이 차돌양지를 대단한 맛을 내는 음식으로
만들 수 있다. 얼마나 쉽게 요리했는지는 아무도 모를 것이다!

> 난이도: 쉬움

⬥ 플레이어 유형: 발명가 | ⏱ 준비 시간: 7시간 | ⛰ 조리 시간: 6시간
🎵 분량: 차돌양지 1.8~2.7kg | 📖 식이 고려 사항: 유제품 무첨가
🔦 특별한 도구: 없음

재료

차돌양지 1.8~2.7kg

우스터소스 1/4컵

리퀴드 스모크 2큰술

입자가 굵은 소금 1큰술

셀러리 소금 1큰술

마늘 그래뉼 1큰술

양파 그래뉼 1큰술

후추 1큰술

발명가의 노트:
차돌양지에 매운맛을 조금 더 주고 싶다면, 나열된 향신료 대신 레드스톤 가루 양념(앞의 레시피 참조)을 사용하자.

만드는 법

1. 차돌양지를 로스팅 팬에 넣거나 테두리가 있는 베이킹 시트에 올린 식힘망에 놓는다.

2. 우스터소스와 리퀴드 스모크를 함께 섞어 차돌양지의 양면에 골고루 바른다.

3. 소금, 마늘 그래뉼, 양파 그래뉼, 후추를 섞어 차돌양지 전체에 눌러주며 골고루 묻힌다.

4. 차돌양지를 넣은 팬을 알루미늄 포일로 덮고 6시간 또는 하룻밤 동안 냉장고에 넣어 둔다.

5. 오븐을 150℃로 예열하고 냉장고에서 차돌양지를 꺼내 오븐이 예열되는 동안 실온에 둔다.

6. 차돌양지의 지방 부분이 아래로 향하도록 한 다음(알루미늄 포일을 덮은 채로) 오븐에 넣고 4~5시간 동안 또는 고기의 가장 두툼한 부분의 온도가 93℃가 될 때까지 굽는다. 포일을 벗기고 아무것도 덮지 않은 상태에서 1시간 더 굽는다.

7. 오븐에서 차돌양지를 꺼내 30분간 휴지시킨다. 결 반대 방향으로 고기를 얇게 썰어 접시에 올린다.

경작지 스뫼르고스토르타

스웨덴의 즐길 거리는 마인크래프트만 있는 게 아니다. 이 스뫼르고스토르타, 즉 샌드위치 케이크는 60년대에 생긴 스웨덴 요리로 최근 다시 인기를 끌고 있다. 스웨덴 음식인 데다가 블록처럼 겹겹이 쌓아 올린 구조로 되어 있어 마인크래프트 파티나 봄 또는 여름 축하 행사 때 내놓으면 완벽하게 어울릴 것이다. 자신의 경작지나 좋아하는 식물처럼 보이도록 케이크 겉면을 장식한 다음 이 먹음직스러운 레이어드 샌드위치를 잘라 맛있게 즐겨 보자.

난이도: 어려움

🔧 플레이어 유형: 건축가 | ⏱️ 준비 시간: 30분 | ⚠️ 조리 시간: 없음
🎵 분량: 스뫼르고스토르타 1개(약 8인분) | 📖 식이 고려 사항: 없음
🎙️ 특별한 도구: 없음

재료

달걀 샐러드:

완숙으로 삶은 달걀 4개, 다져서 준비

마요네즈 1/3컵

다진 파 1개분

디종 머스터드 1/2큰술

레몬즙 1/2작은술

파프리카 가루 1/4작은술

치킨 샐러드:

다진 로티서리 치킨 1컵

마요네즈 1/4컵

다진 셀러리 1대분

다진 파 1개분

디종 머스터드 1/2작은술

딜 1/2작은술

소금 1/4작은술

후추 한 꼬집

스뫼르고스토르타:

크림치즈 170g

사워크림 2/3컵

마요네즈 1/4컵

딜 1/2작은술

소금과 후추 한 꼬집씩

흰 식빵 10장

오이 1개

래디시 1개

만드는 법

1. 개별 샐러드부터 만든다. 달걀 샐러드 재료를 전부 믹싱볼에 넣고 섞은 후 사용할 때까지 냉장고에 넣어 둔다. 치킨 샐러드 재료도 똑같이 한다.

2. 이제 스뫼르고스토르타를 만든다. 먼저 크림치즈, 사워크림, 마요네즈, 딜, 소금, 후추를 믹싱볼에 넣고 매끈하게 될 때까지 섞는다.

3. 식빵 가장자리를 잘라낸 다음 접시에 두 장을 나란히 놓는다. 한 장의 식빵 위에 달걀 샐러드를 골고루 펴 바르고 그 위를 나머지 한 장의 식빵으로 덮는다.

4. 또 한 장의 식빵에 치킨 샐러드를 골고루 펴 바르고 그 위를 다른 한 장의 식빵으로 덮는다.

5. 이번에는 치킨 샐러드를 넣은 빵 위에 달걀 샐러드를 올리고 그 반대로도 한다. 식빵으로 덮고, 식빵 다섯 장과 샐러드의 높이, 식빵 두 장 너비의 직사각형 '케이크'가 완성될 때까지 샐러드와 식빵을 계속 번갈아 가며 쌓아 올린다.

6. 이 빵 케이크의 윗면과 옆면에 크림치즈 믹스를 바른다. 오이와 래디시를 채칼이나 잘 드는 칼로 얇게 썰어 케이크의 측면과 상단을 장식한다. 최소 30분 정도는 냉장 보관한다. 이제 케이크처럼 잘라서 접시에 담아내면 된다!

디저트

네더 차원문 롤

쉿… 들어보라…. 울음소리와 훌쩍거리는 소리가 들리는가? 이들은 이 맛있는 네더 차원문 롤을 아직 먹어 보지 않은 사람들이다. 특유의 보라색은 '우베'라고 불리는 필리핀에서 온 보라색 참마 때문이다. 그리고 입안에 침이 고이는 건 시나몬 설탕, 버터, 크림치즈 프로스팅의 냄새 때문일 것이다.

난이도: 보통

🔘 플레이어 유형: 탐험가 | ⏱ 준비 시간: 20분 | ⛏ 조리 시간: 25분

🎵 분량: 시나몬롤 12개 | 📖 식이 참고 사항: 채식

🎙 특별한 도구: 반죽 후크가 장착된 믹서

재료

우베 퓌레:

큼직한 우베 1개(우베 퓌레 1컵 분량)

반죽:

우유 3/4컵

설탕 1/4컵

활성 드라이 이스트 2와 1/4작은술(또는 한 봉지)

녹인 무염 버터 1/4컵

상온에 둔 달걀 1개

밀가루 4컵

베이킹 파우더 1작은술

소금 1/2작은술

필링:

부드럽게 한 무염 버터 1/3컵

황설탕 1컵

시나몬 가루 3큰술

프로스팅:

크림치즈 227g

부드럽게 한 무염 버터 1/2컵

슈가 파우더 3컵

바닐라 엑기스 1작은술

보라색 식용 색소 4방울

소금 한 꼬집

* 만드는 법은 다음 페이지에서 계속

만드는 법

1. 우베 퓌레를 만들기 위해 우베를 씻어서 껍질을 벗기고 2.5cm 크기로 자른다. 이를 15분간 찌거나 삶거나 구운 후 불에서 내리고 5분간 식힌다. 부드러운 퓌레가 될 때까지 우베를 으깬다.

2. 반죽을 만들기 위해 우유를 전자레인지에 30초간 돌린 후 반죽 후크가 장착된 스탠드 믹서의 믹싱볼에 넣는다. 설탕을 넣어 저어 주고 활성 드라이 이스트를 뿌린다. 5분간 그대로 둔다.

3. 이스트 믹스가 준비되는 동안 믹싱볼에 우베 퓌레 3/4컵과 녹인 버터를 넣고 섞은 다음 달걀을 넣고 혼합한다. 이를 믹서의 믹싱볼에 넣는다.

4. 밀가루, 베이킹파우더, 소금을 별도의 믹싱볼에 넣고 섞은 다음 모든 재료가 섞일 때까지 천천히 믹서의 믹싱볼에 넣는다. 믹서의 속도를 중간으로 설정하고 반죽 후크로 반죽을 8∼10분간 치댄다. 믹싱볼에 덮개를 씌워 1시간 동안 또는 크기가 두 배가 될 때까지 반죽을 부풀린다.

5. 필링을 만들기 위해 반죽을 꺼내 밀가루를 뿌린 작업대에 올려 35×40cm 크기의 직사각형 모양으로 민다. 반죽의 표면 전체에 버터를 펴 바른다.

6. 황설탕과 시나몬 가루를 함께 섞은 다음 반죽 표면에 전체적으로 골고루 뿌린다. 반죽이 완전히 덮일 때까지 이 설탕 믹스를 반죽에 부드럽게 눌러 준다.

7. 반죽의 긴 면 중 한곳에서 시작해 반죽을 원통 모양으로 단단히 말고 솔기가 바닥에 닿도록 하여 이음매가 붙도록 한다. 톱날 칼이나 무향의 치실을 길게 뜯어 고르지 못한 끝부분을 잘라낸다. 반죽의 나머지 부분을 12개의 균일한 롤로 자른다.

8. 23×33cm 크기의 베이킹 팬에 유산지를 깔고 롤을 팬에 올린다(모두 서로 밀착되어 맞닿도록 올린다). 팬을 비닐 랩으로 덮고 30분간 발효시킨다.

9. 기다리는 동안 오븐은 180℃로 예열한다.

10. 비닐 랩을 벗기고 시나몬롤을 오븐에 넣고 20∼25분간 또는 살짝 갈색이 될 때까지 굽는다.

11. 롤이 구워지는 동안 프로스팅을 만든다. 크림치즈와 버터를 믹서에 넣은 뒤 가볍고 고운 크림 같은 상태가 될 때까지 고속으로 섞는다. 슈가 파우더를 한 번에 1컵씩 완전히 섞일 때까지 천천히 넣는다. 바닐라 엑기스, 식용 색소, 소금을 넣고 5분간 또는 프로스팅의 농도가 폭신폭신하게 휘핑한 듯한 상태가 되면서 원하는 색이 될 때까지 고속으로 섞는다(충분히 진한 색이 나올 때까지 식용 색소를 한두 방울 더 추가한다).

12. 시나몬롤을 오븐에서 꺼내어 프로스팅의 절반 정도를 윗면에 펴 바르고 녹은 글레이즈가 잘 코팅되도록 한다. 10분 정도 기다린 후 나머지 절반의 프로스팅을 올려 준다.

마시멜로 구름

게임을 하다가 잠시 쉬면서 구름을 올려다본 적이 있는가? 파란 하늘을 배경으로 둥둥 떠다니는 상자 모양의 하얀색 형상은 마시멜로가 되고 싶다고 빌고 있는 듯 보이기도 한다. 잠시 앉아서 휴식을 취하며 이 구름 마시멜로와 함께 하루를 즐겨 보자.

난이도: 쉬움

🕹️ 플레이어 유형: 탐험가 | ⏱️ 준비 시간: 4시간 30분 | 🔺 조리 시간: 10분

🎵 분량: 23x33cm 크기의 마시멜로 시트 한 판 | 🧽 식이 고려 사항: 유제품 무첨가, 글루텐 프리

🔩 특별한 도구: 거품기가 장착된 믹서, 조리용 온도계, 피자 커터

재료

무향 젤라틴 3봉지(봉지당 7g)

찬물 1컵, 나누어 사용

설탕 1과 1/2컵

옥수수 시럽 1컵

입자가 굵은 소금 1/4컵

투명한 바닐라 엑기스 1작은술

슈가 파우더 1/2컵

만드는 법

1. 거품기를 믹서에 장착한다. 젤라틴과 물 1/2컵을 믹서기의 믹싱볼에 넣고 시럽을 만드는 동안 그대로 둔다.

2. 설탕, 옥수수 시럽, 소금, 나머지 물 1/2컵을 작은 냄비에 넣고 중강불에서 10분간 또는 설탕이 완전히 녹아 온도계의 눈금이 115°C를 가리킬 때까지 끓인다. 온도에 도달하면 바로 불에서 내린다.

3. 믹서를 저속으로 돌리면서 시럽을 믹서의 볼에 천천히 붓는다. 시럽이 다 들어가면 튀지 않도록 주의하면서 천천히 고속으로 속도를 올리고 15분간 또는 믹스가 매우 걸쭉하게 될 때까지 젓는다. 바닐라 엑기스를 넣고 완전히 섞일 때까지 다시 한번 젓는다.

4. 테두리가 있는 23×33cm 크기의 시트 팬에 스프레이 오일을 뿌리고 슈가 파우더를 전체적으로 덮는다. 앞서 완성한 믹스를 팬에 고르게 붓고 그 위에 슈가 파우더를 뿌린다.

5. 마시멜로 믹스를 덮개를 씌우지 않은 상태로 최소 4시간 동안 그대로 둔다.

6. 시간이 다 되었으면 작업대 위에 슈가 파우더를 뿌리고 굳은 마시멜로를 뒤집어 올린다. 피자 커터를 사용해 마시멜로를 네모 또는 상자 같은 구름 모양으로 자른다.

횃불 슈터

횃불을 손에 들고 있으면 항상 유용하다. 그리고 다른 한 손으로는 이 슈터를 먹어도 좋을 것이다. 이 횃불 슈터는 나뭇가지에 석탄을 꽂는 것보다는 만들기가 조금 더 까다로운데, 초콜릿과 바닐라를 층층이 쌓은 크렘 브륄레 위에 설탕을 올려 불을 붙여야 하기 때문이다. 폐광에 이것을 줄줄이 꽂아 놓으면 배가 고플 일은 절대 없을 것이다.

> 난이도: 어려움

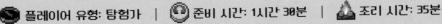 플레이어 유형: 탐험가 | 준비 시간: 1시간 30분 | 조리 시간: 35분
 분량: 슈터 8개 | 식이 고려 사항: 채식, 글루텐 프리
특별한 도구: 토치, 서빙용 80mL 양주잔 또는 컵

재료

큰 달걀 노른자 7개

설탕 1/2컵과 3큰술, 나누어 사용

휘핑크림 3컵

바닐라 엑기스 1작은술

세미스위트 초콜릿 칩 1/2컵

뜨거운 물

만드는 법

1. 오븐을 150℃로 예열한다. 달걀 노른자에 설탕 1/2컵을 넣고 가볍고 폭신폭신해질 때까지 젓는다.

2. 큰 소스팬에 크림을 넣고 3분간 또는 가장자리를 따라 거품이 생기기 시작할 때까지 가열한 후 불에서 내린다.

3. 이렇게 가열한 뜨거운 크림 1/4컵을 달걀 노른자 믹스에 넣고 섞은 다음 남은 크림과 함께 큰 소스팬에 옮겨 담는다. 바닐라 엑기스를 넣고 젓는다.

4. 앞서 만든 믹스의 1/3을 별도의 믹싱볼에 옮겨 담고 한쪽에 둔다. 소스팬에 남은 커스터드와 초콜릿 칩을 넣고 완전히 녹아 섞일 때까지 젓는다.

5. 초콜릿 커스터드 믹스를 디저트 컵에 붓되 각 컵의 절반 정도만 채운다.

6. 바닐라 커스터드를 숟가락 뒷면에 대고 천천히 부어 초콜릿 위에 층을 만든다. 컵이 3/4 정도 채워질 때까지 채운다.

7. 테두리가 높이 올라오는 베이킹 팬에 디저트 컵의 슈터를 넣고 뜨거운 물을 컵 측면의 절반 이상까지 올라오도록 채운다.

8. 이를 오븐에 넣고 35분간 또는 크렘 브륄레가 살짝 굳어지지만 여전히 찰랑거리는 상태가 될 때까지 굽는다. 팬에서 컵을 꺼내 실온에서 15분간 식힌다.

9. 냉장고로 옮겨 1시간 이상 식힌다.

10. 각 컵 위에 설탕 1작은술을 뿌리고 설탕이 완전히 녹아 캐러멜이 될 때까지 요리용 토치로 불을 붙여 지진다.

단단한 진흙 브라우니

진흙 블록에 밀을 추가하는 것은 진흙 벽돌을 만드는 첫 번째 과정이다. 적어도 게임에서는 그렇다. 그러나 이 레시피에서 '진흙'과 밀(즉, 밀가루)의 조합은 훨씬 더 맛있는 무언가를 이루어 낸다. 어떤 면은 금빛이 나고 어떤 면은 브라우니 색이 나는 이 간식은 진흙같이 탁한 하루를 아주 아름답게 바꾸어 줄 수도 있다.

> ## 난이도: 보통

🔨 플레이어 유형: 건축가 | ⏱️ 준비 시간: 45분 | ⛰️ 조리 시간: 35분

🎵 분량: 브라우니 16개 | 📙 식이 고려 사항: 채식

🎤 특별한 도구: 믹서, 20cm 크기의 정사각형 팬

재료

진흙 블록:

녹인 무염 버터 1/2컵

세미스위트 초콜릿 칩 1컵

설탕 1컵

바닐라 1작은술

달걀 2개

밀가루(중력분) 1컵

입자가 굵은 소금 1/2작은술

베이킹파우더 1/4작은술

밀 블록:

녹인 무염 버터 1/2컵

눌러 담은 황설탕 1컵

바닐라 2작은술

달걀 1개

밀가루(중력분) 1컵

입자가 굵은 소금 1/2작은술

베이킹파우더 1/2작은술

만드는 법

1. 오븐을 180℃로 예열하고 20cm 크기의 정사각형 팬에 유산지를 깔아 한쪽에 둔다.

2. 진흙 블록을 만들기 위해 깨끗한 믹싱볼에 녹인 버터와 초콜릿 칩을 넣고 초콜릿이 녹을 때까지 섞는다. 이어서 설탕과 바닐라를 넣는다.

3. 앞서 만든 믹스에 달걀을 한 번에 하나씩 넣고 추가할 때마다 저어 준다.

4. 밀가루, 소금, 베이킹파우더를 작은 믹싱볼에 넣고 섞는다. 이 마른 재료 믹스를 앞에서 완성한 젖은 재료 믹스에 넣고 잘 섞일 때까지 젓는다.

5. 반죽을 사각 팬에 붓고 층을 고르게 펴준 후 20분간 굽는다.

6. 진흙 블록 층이 구워지는 동안 밀 블록 층을 만든다. 버터와 황설탕을 믹서의 믹싱볼에 넣고 잘 혼합될 때까지 섞는다.

7. 바닐라와 달걀을 넣고 잘 섞는다. 믹싱볼의 측면을 긁어내면서 같이 섞는다.

8. 밀가루, 소금, 베이킹파우더를 작은 믹싱볼에 넣고 섞는다. 마른 재료 믹스를 젖은 재료 믹스에 넣고 잘 섞일 때까지 젓는다.

9. 밀 블록 반죽을 진흙 블록 층 위에 붓고 표면이 고르게 되도록 부드럽게 펴준다.

10. 30분간 또는 가운데에 이쑤시개를 찔러 넣었을 때 대체로 묻어나는 것이 없을 때까지 굽는다.

11. 팬을 식힘망에 올린 채로 30분간 식힌다. 완성된 브라우니를 정사각형으로 자른다.

점토 퍼지 블록

이 퍼지는 점토 블록처럼 생겼지만 우리가 좋아하는 쿠키 아이스크림과 비슷한 맛이 난다. 이
레시피는 게임에서 블록을 채굴하는 것보다는 더 빠르게 완성되지만 인내심이 조금 필요하다.
먹기 전에 냉장고에서 식히는 시간이 필요하니까.

난이도: 쉬움

🔨 플레이어 유형: 건축가　|　⏱ 준비 시간: 5분　|　⚠ 조리 시간: 5분
🎛 분량: 64조각　|　📖 식이 고려 사항: 채식　|　🎙 특별한 도구: 없음

재료

크림이 샌딩된 샌드위치 쿠키 4컵(약 26개)

가당 연유 1캔(400g)

소금 1/8작은술

화이트 초콜릿 칩 510g

바닐라 엑기스 1작은술

만드는 법

1. 쿠키의 절반을 블렌더나 푸드 프로세서에 넣고 10초간 또는 고운 부스러기 모양이
될 때까지 갈아준다. 나머지 절반의 쿠키를 넣고 두 번째로 넣은 쿠키들은 굵은 입자
로 다져질 때까지 짧게 끊어가며 기계로 다진 후 한쪽에 둔다.

2. 20cm 크기의 정사각형 팬에 유산지나 왁스 종이를 깔고 한쪽에 둔다.

3. 가당 연유와 소금을 중간 크기의 소스팬에 넣고 중약불에 올려 가볍게 끓기 시작
할 때까지 자주 저어 주며 가열한다. 불을 약불로 낮추고 화이트 초콜릿 칩과 바닐라
엑기스를 넣고 녹기 시작할 때까지 저어 준다. 불을 끄고 초콜릿이 완전히 녹을 때까
지 계속 젓는다.

4. 퍼지가 완전히 녹아 잘 섞이면 부순 쿠키를 넣고 젓는다.

5. 이 퍼지 믹스를 유산지를 깐 사각 팬에 넣고 고르게 편다.

6. 2시간 이상 또는 단단해질 때까지 냉장고에서 식힌다.

7. 퍼지의 개수가 64개가 나오도록 약 1.3cm 크기로 자른다.

유광 테라코타 쿠키

유광 테라코타의 아름다운 패턴은 훌륭한 장식용 건축 자재가 될 수 있다. 하지만 음식에 관심이 많은 우리에겐 그것들은 단지 쿠키로 만들고 싶은 재료에 지나지 않는다. 이 레시피를 사용하면 생각보다 쉽게 쿠키를 만들 수 있다! 다양한 색상의 반죽을 미리 준비해 둔다면 먹기도 아까울 정도로 예술적인 쿠키를 만들 수 있을 것이다. 그래도 우리는 먹겠지만.

난이도: 어려움

플레이어 유형: 건축가 | 준비 시간: 1시간 30분 | 조리 시간: 10분
분량: 쿠키 32개 | 식이 고려 사항: 채식 | 특별한 도구: 믹서

재료

무염 버터 1컵

설탕 1컵

달걀 1개

바닐라 1작은술

밀가루(중력분) 3컵

베이킹파우더 2작은술

입자가 굵은 소금 1/2작은술

젤 타입 식용 색소

만드는 법

1. 버터와 설탕을 믹서에 넣고 가벼운 크림 같은 상태가 될 때까지 섞는다.

2. 달걀과 바닐라를 넣고 재료를 하나씩 넣을 때마다 완전히 섞어준다.

3. 밀가루, 베이킹파우더, 소금을 별도의 믹싱볼에 넣고 섞은 다음 모든 재료가 완전히 혼합될 때까지 천천히 앞서 만든 젖은 재료 믹스에 넣는다.

4. 반죽을 타일에 적용하고 싶은 색상별로 작은 그릇에 하나씩 나누어 담는다. 다음 단계를 진행하기 위해 타일의 디자인을 스케치해 두는 것이 좋다. 또는 즉흥적으로 만들어 보고 어떻게 될지 보는 것도 괜찮다!

5. 젤 타입의 식용 색소 몇 방울을 각각의 그릇에 넣고 원하는 색이 될 때까지 반죽과 섞어준다(손에 색이 묻는 것을 방지하기 위해 장갑을 끼는 것이 좋다!).

6. 각 색깔의 반죽을 긴 원통 모양으로 굴린다. 이 반죽을 함께 쌓아서 하나의 두꺼운 원통 모양을 만든 다음 이 원통을 슬라이스하면 타일이 완성된다. 스케치가 있는 경우 스케치를 참조하여 원하는 위치에 원하는 색상이 배열되도록 반죽 튜브를 세로로 쌓아 올린다. 튜브의 끝을 보고 단면이 어떻게 보일지 확인한다.

* 만드는 법은 다음 페이지에서 계속

7. 타일 중앙에 특정한 모양을 넣으려면 색깔을 섞은 반죽 중 하나를 밀어서 평평하게 만들고 쿠키 커터로 모양을 잘라낸다. 이렇게 잘라낸 조각들을 서로 겹쳐서 쌓는다. 다른 색상의 반죽들도 긴 원통 모양으로 말아서 잘라낸 조각을 겹친 더미 주변으로 붙여 공간을 채움으로써 장식 조각 더미가 안쪽에 위치한 원통을 만든다.

8. 색상이 제대로 배열된 상태에서 반죽을 함께 눌러 모든 반죽이 하나의 원통이 되도록 만든다.

9. 반죽을 통째로 잡고 네 면을 평평하게 다듬어 정사각형 기둥을 만든다. 비닐 랩으로 싸서 최소 1시간 동안 냉장고에서 보관한다.

10. 오븐을 180℃로 예열하고 베이킹 시트 2장에 유산지를 깐다.

11. 냉장고에서 반죽을 꺼내 약 1.3cm 두께의 타일 모양으로 자른 다음 베이킹 시트에 놓는다. 8〜10분간 또는 가장자리가 노릇노릇하게 될 때까지 굽는다. 베이킹 시트에서 5분간 식힌 후 식힘망으로 옮겨 완전히 식힌다.

꿀 블록

요리로 만든 꿀 블록은 게임에서처럼 끈적거리지 않아서 좋다. 그리고 맛도 훌륭하고 기분 좋은 식감을 주는 벌집 모양이라 더 좋다!

> 난이도: 쉬움

🍎 플레이어 유형: 농부 | ⏱️ 준비 시간: 30분 | ⛰️ 조리 시간: 10분
🎵 분량: 23cm 크기의 정사각형 꿀 블록 1판 | 🧽 식이 고려 사항: 채식, 유제품 무첨가, 글루텐 프리
🎤 특별한 도구: 조리용 온도계

재료

설탕 1과 1/2컵

꿀 1/4컵

물 1/4컵

베이킹 소다 1큰술

만드는 법

1. 23cm 크기의 정사각형 베이킹 팬에 유산지를 깔고 한쪽에 둔다.

2. 중간 크기의 냄비에 설탕, 꿀, 물을 넣고 센불에 올린다. 이 설탕 믹스를 계속 저어주며 끓인다.

3. 불을 중강불로 줄이고 5~7분간 설탕 믹스의 색이 짙어지고 온도계로 쟀을 때 온도가 150℃에 도달할 때까지 자주 저어가며 가열한다.

4. 불을 끄고 베이킹 소다를 넣고 젓는다. 순식간에 거품이 생길 것이다.

5. 스패튤라를 사용해 이 믹스를 모두 긁어내며 베이킹 팬에 붓는다. 필요한 경우 팬을 천천히 돌려주며 믹스를 고르게 펴주되, 거품이 꺼질 수 있으므로 젓지는 않도록 한다.

6. 30분간 또는 꿀 블록이 굳을 때까지 식힌 후 블록 모양으로 자른다.

양털

양털 깎기는 마인크래프트에서 중요한 작업이므로 양털을 다 깎기 전에는 잠자리에 들 수 없다! 이 요리는 침구로 사용할 수는 없지만(게다가 설탕 함량이 높기 때문에 먹으면 잠을 설치게 될 가능성이 높다!), 부드럽고 폭신폭신한 느낌은 똑같다. 설탕을 가늘게 뽑으면 양털을 연상시키는 얇은 가닥이 만들어지며, 게임 속의 양과 마찬가지로 다양한 색상으로 염색할 수 있다.

난이도: 어려움

 플레이어 유형: 농부 | 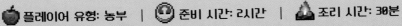 준비 시간: 2시간 | 조리 시간: 30분
 분량: 양털 4세트 | 식이 고려 사항: 채식, 비건, 유제품 무첨가, 글루텐 프리
특별한 도구: 조리용 온도계, 실리콘 도넛 틀

재료

물 1컵

원하는 색상의 식용 색소 5방울

향료 2방울(선택사항)

백설탕 2컵

옥수수 시럽 1/4컵

식초 1/2작은술

옥수수 전분 1컵

만드는 법

1. 중간 크기의 냄비에 물, 식용 색소, 향료를 넣고 섞는다. 설탕, 옥수수 시럽, 식초를 넣고 빠르게 섞은 다음 믹스가 132℃가 될 때까지 20~25분간 중불에서 가열한다.

2. 불을 끄고 살짝 식힌 다음 실리콘 도넛 틀에 붓는다. 실온에서 2시간 동안 식힌다.

3. 작업대에 옥수수 전분을 뿌려 덮은 후 도넛 모양의 캔디 하나를 틀에서 꺼낸다. 각 면에 옥수수 전분을 바른 다음 길이가 약 60cm가 될 때까지 천천히 잡아 늘인다. 사탕을 숫자 8의 모양으로 비틀어 양쪽 끝을 하나로 모은 다음 다시 잡아당긴다. 20회 또는 양털처럼 가닥이 고르게 보일 때까지 계속 당기고 비튼다.

4. 소량을 떼어내어 양털 블록 모양으로 조심스럽게 모양을 잡는다.

> 농부의 노트:
> 시각적인 활기를 더하려면 이 레시피를 4등분하여 각각 다른 색을 넣어 여러 가지 양털 색을 만들어 보자.

황금 사과파이

마인크래프트는 좋은 음식이 치유력을 가진다는 사실을 우리에게 가르쳐 주는데, 이 황금 사과 파이는 실제로 우리가 앓는 병을 치유할 수 있다(우리가 앓는 증상이 배고픔이나 사과파이에 대한 간절한 갈망일 경우). 캐러멜까지 더해진 사과들은 황금빛으로 변하면서 더욱 포근하고 끈적 거리며 크림처럼 부드러운 파이로 완성된다.

난이도: 보통

🍎 플레이어 유형: 농부 | ⏱️ 준비 시간: 1시간 30분 | ⚠️ 조리 시간: 50분
🎵 분량: 파이 1개(약 8조각) | 📖 식이 참고 사항: 채식 | 🔧 특별한 도구: 없음

재료

파이 크러스트:

밀가루(중력분) 2와 1/2컵

입자가 굵은 소금 1작은술

설탕 1큰술

작은 조각으로 자른 차가운 무염 버터 1컵

찬물 1/4컵

필링:

껍질을 벗겨 심지를 제거하고 얇게 슬라이스한 그라니 스미스 사과 큰 것 8개

레몬즙 2큰술

바닐라 엑기스 1/2작은술

눌러 담은 흑설탕 1/4작은술

설탕 1/4컵

옥수수 전분 1큰술

시나몬 가루 1작은술

입자가 굵은 소금 1/4작은술

캐러멜 소스 1/4컵

토핑:

달걀 1개

물 1큰술

토핑용 굵은 설탕

* 그라니 스미스 사과 : 아삭하고 단단한 식감을 가진 산미가 다소 강한 사과 품종의 하나로 껍질이 녹색 또는 녹황색이다. 우리나라에서도 재배가 되기는 하나 유통량은 아주 적어 구하기 쉽지 않으므로 비슷한 식감이나 맛을 가진 사과로 대체해도 된다. - 역자 주

만드는 법

1. 파이 크러스트를 만들기 위해 밀가루, 소금, 설탕을 큰 믹싱볼에 넣고 섞는다.

2. 잘게 자른 버터를 앞서 만든 밀가루 믹스가 담긴 믹싱볼에 넣고 손으로 모든 재료를 완전히 섞는다. 약간 부스러지는 질감이 날 때까지 재료들을 뭉치듯 쥐면서 섞어준다.

3. 반죽 위로 물을 살짝 뿌리고 반죽이 완전히 한 덩이로 뭉칠 때까지 섞는다. 여전히 부서지는 듯하면 물을 조금 더 추가한다.

4. 반죽을 공 모양으로 만든 다음 반으로 쪼개 2장의 원반으로 만든다. 각각의 원반을 랩으로 싸서 1시간 동안 냉장고에 보관한다.

5. 반죽이 차가워지는 동안 오븐을 205℃로 예열하고 필링을 만든다. 먼저 사과, 레몬즙, 바닐라 엑기스를 큰 믹싱볼에 넣는다. 설탕, 옥수수 전분, 시나몬 가루, 소금을 별도의 믹싱볼에 넣고 섞은 다음 사과 위에 붓는다. 이 설탕 믹스가 사과에 고르게 묻을 때까지 모든 재료를 섞는다.

6. 넓은 작업대에 밀가루를 뿌리고 두 개의 반죽 원반을 지름이 30cm가 될 때까지 밀대로 민다. 23cm 지름의 파이 팬에 반죽 하나를 올리고 가장자리를 꾹꾹 눌러준다. 다른 한 장은 파이 위에 올릴 격자 모양으로 만들기 위해 2.5cm 너비의 기다란 띠로 잘라 한쪽에 둔다.

7. 사과가 담긴 믹싱볼에 생긴 물기를 제거한 다음 이 사과 믹스를 파이 바닥 크러스트 위에 붓고 그 위에 캐러멜 소스를 사과에 골고루 스며들게 뿌린다.

8. 파이 크러스트 띠를 느슨하게 엮어 격자 모양의 크러스트를 만들고 양쪽 끝은 바닥 크러스트에 주름을 만들며 고정한다.

9. 달걀에 물 1큰술을 넣어 젓고 붓으로 이 달걀물을 파이 위에 바른다. 그 위에 굵은 설탕을 뿌린다.

10. 파이 팬을 큰 베이킹 시트 위에 올리고(넘쳐서 흘러내리는 것을 방지하기 위해) 45~50분간 또는 크러스트의 색이 노릇한 갈색이 되고 필링이 보글보글 끓을 때까지 굽는다. 식힘망에서 1시간 동안 또는 원하는 시간만큼 식힌 후 먹으면 된다!

농부의 노트:

파이 크러스트를 만들 시간이 없다고? 시판 파이 크러스트 한 장을 사용하고 5번 단계로 건너뛰어도 된다! 이것도 완벽하게 허용되는 모드다.

마인크래프트 케이크

케이크 레시피가 없다면 마인크래프트 요리책이라고 할 수 없을 것이다! 아직 게임 속에서 레시피를 완성하지 못했다면? 여기 딸기 퓌레와 버터크림 프로스팅을 층층이 바르고 퐁당과 네모나게 자른 딸기로 표면을 덮은(원한다면 큰 양초도 얹은) 딸기 쇼트케이크를 우리 집 부엌에서 직접 만들어 볼 수 있는 기회가 있다. 이 케이크는 다른 사람들과 나눠 먹어도 좋고 혼자서 전부 먹어도 좋다. 취향 존중!

난이도: 어려움

플레이어 유형: 발전과제 사냥꾼 | 준비 시간: 1시간 | 조리 시간: 30분
분량: 2층으로 된 케이크 1개, 10~14인분 | 식이 고려 사항: 채식
특별한 도구: 믹서, 20cm 크기의 정사각형 베이킹 팬 2개

재료

케이크:

밀가루 2와 1/2컵

베이킹파우더 2와 1/2작은술

입자가 굵은 소금 1/2작은술

상온에 둔 무염 버터 3/4컵

설탕 1과 1/2컵

상온에 둔 달걀 3개

바닐라 1과 1/2작은술

우유 1과 1/4컵

딸기 퓌레:

생딸기 170g

설탕 1큰술

버터크림 프로스팅:

상온에 둔 무염 버터 1컵

소금 1/8작은술

슈가 파우더 2컵

바닐라 1작은술

케이크 장식:

0.3cm 두께로 민 퐁당 340g

다양한 크기의 딸기 10개

만드는 법

1. 오븐을 180℃로 예열하고 20cm 크기의 정사각형 팬 두 개에 기름칠하고 밀가루를 뿌려 둔다.

2. 케이크를 만들기 위해 밀가루, 베이킹파우더, 소금을 믹싱볼에 넣고 섞어 한쪽에 둔다.

3. 버터와 설탕을 믹서의 다른 믹싱볼에 넣고 가볍고 폭신폭신해질 때까지 함께 젓는다.

4. 앞서 만든 버터 믹스에 달걀을 넣되 하나씩 넣을 때마다 완전히 섞은 후 다음 달걀을 넣는다. 바닐라를 넣고 섞는다.

5. 마른 재료 믹스의 절반을 젖은 재료 믹스에 섞고 이어서 우유의 절반을 넣고 섞어준다. 나머지 마른 재료와 우유를 넣고 계속 섞는다. 모든 재료가 완전히 섞였는지 확인한다.

6. 케이크 믹스의 절반을 각각의 팬에 붓는다.

7. 오븐에 넣어 25~30분간 또는 가운데에 이쑤시개를 찔러 보고 묻어나는 게 없을 때까지 굽는다.

8. 팬에서 10분간 식힌 후 케이크를 꺼내 식힘망 위에서 완전히 식힌다.

9. 딸기 퓌레를 만들기 위해 딸기와 설탕을 액화될 때까지 함께 갈아서 한쪽에 둔다.

10. 프로스팅을 만들기 위해 무염 버터 1컵을 믹서에 넣고 가볍고 폭신한 질감이 날 때까지 휘핑한다. 슈가 파우더를 한 번에 1/2컵씩 천천히 넣고 넣을 때마다 완전히 섞어준다. 소금과 바닐라를 넣고 2분간 또는 모든 것이 가볍고 폭신하게 되며 두꺼운 버터크림 프로스팅의 질감이 날 때까지 섞는다.

11. 프로스팅을 일자 모양 깍지를 끼운 짤주머니에 넣는다.

12. 서빙용 접시에 케이크 한 층을 올리고 딸기 퓌레로 한 층을 덮는다. 그 위에 짤주머니로 프로스팅을 한 층 짜서 올린다.

13. 첫 번째로 프로스팅한 케이크 위에 두 번째 케이크를 올린다.

14. 케이크의 윗부분에 접착제 역할을 할 프로스팅을 얇게 올려 펴 바르되 두 케이크 사이에 바른 필링에 다다르면 멈춘다.

15. 퐁당 시트를 케이크 위에 올리고 케이크 층 사이의 필링을 덮는지 확인하면서 천천히 조심스럽게 앉힌다.

16. 주방 가위나 칼을 사용하여 퐁당의 가장자리를 잘라 마인크래프트 케이크의 가장자리 모양을 재현한다(이미지 참조).

17. 케이크를 완성하기 위해 다양한 크기의 딸기 10개를 얇은 사각형으로 잘라 장식한다.

두 입 호박파이

오버월드에 있는 게 아니라면 호박, 설탕, 달걀만으로는 완벽한 호박파이를 만들 수 없다. 이 레시피의 재료들은 모든 파이에서 조연 역할을 하는 크러스트를 빛나게 해 준다. 한입 베어 물 때마다 속과 크러스트의 완벽한 균형을 보여 주는 타르트 케이스의 디저트는 게임을 하는 동안에 빠르게 먹을 수 있을 정도로 간편하다.

난이도: 보통

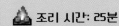 플레이어 유형: 농부 | 준비 시간: 10분 | 조리 시간: 25분
 분량: 미니 호박 파이 30~45개(타르트 케이스의 크기에 따라 달라짐)
식이 고려 사항: 채식 | 특별한 도구: 없음

재료

파이 타르트 크러스트 중간 크기 30개 또는 작은 크기 45개

호박 퓌레 1캔(425g)

설탕 1/2컵

시나몬 가루 1작은술

생강가루 1/2작은술

너트메그 가루 1/4작은술

소금 1/4작은술

달걀 2개

무가당 연유 1과 1/4컵

토핑용 휘핑크림

만드는 법

1. 오븐은 190℃로 예열한다.

2. 파이 타르트 크러스트를 머핀 틀에 넣거나 테두리가 있는 베이킹 시트에 올린다.

3. 호박 퓌레와 설탕, 각종 향신료 가루를 믹싱볼에 넣고 섞는다.

4. 달걀을 한 번에 하나씩 넣고 넣을 때마다 완전히 섞는다.

5. 모든 재료가 섞일 때까지 천천히 연유를 부어준다. 필링이 매우 묽은 액체 상태가 되겠지만 괜찮다!

6. 타르트 크러스트에 필링을 붓는다.

7. 파이들을 오븐에 조심스럽게 넣는다. 25분간 또는 이쑤시개를 가운데에 찔렀을 때 묻어나오는 것이 없을 때까지 굽는다.

8. 오븐에서 꺼낸 후 식힘망에서 식힌다.

9. 파이마다 휘핑크림을 소량씩 올려 마무리한다.

코코아 청크 쿠키

달달한 걸 만들고 싶다면 작업 테이블로 향해 보자. 이제 쿠키를 만들 차례다! 게임 버전과 마찬가지로 이 레시피로는 8개의 쿠키를 만들 수 있다. 하지만 결과물은 게임에서처럼 밀과 코코아 콩의 콤보가 아니다. 가장자리는 바삭하고 가운데는 쫀득하며 팍팍한 크런치 조각이 설탕과 초콜릿을 보완하면서 완벽한 쿠키가 갖춰야 할 모든 것을 갖춘 커다란 과자다! 또한 위에 올린 사각형 초콜릿 청크는 게임 속 간식의 모양을 닮아 있다.

> 난이도: 보통

🍎 플레이어 유형: 농부 | ⏱️ 준비 시간: 1시간 15분 | ⛰️ 조리 시간: 12분
🍴 분량: 큼직한 쿠키 8개 | 📖 식이 고려 사항: 채식
🔨 특별한 도구: 믹서, 약 7cm 지름의 쿠키 스쿱

재료

가염 버터 1컵

황설탕 1컵

설탕 1/2컵

달걀 2개

바닐라 1작은술

밀가루 2와 1/2컵

소금 1작은술

베이킹 소다 3/4작은술

다크 초콜릿 청크 1과 1/2컵

다진 호두 1/2컵(선택사항)

장식용 플레이크 소금

만드는 법

1. 버터를 믹서에 넣고 크림처럼 가볍고 부드러워질 때까지 섞은 다음 두 가지 설탕을 모두 넣고 섞는다.

2. 달걀을 한 번에 하나씩 넣으면서 섞어준다. 이어서 바닐라를 넣고 완전히 섞는다.

3. 밀가루, 소금, 베이킹 소다를 별도의 믹싱볼에 함께 넣고 섞은 다음 모든 재료가 완전히 섞이도록 앞서 만든 젖은 재료 믹스에 천천히 넣는다.

4. 초콜릿 청크를 넣고 젓는다. 이때 다진 호두를 넣어도 좋다.

5. 쿠키 반죽이 담긴 믹싱볼을 비닐 랩으로 덮고 1시간 동안 냉장고에 둔다.

6. 쿠키 반죽을 냉장고에서 꺼내기 15분 전에 오븐을 190℃로 예열한다. 쿠키 시트에 유산지를 깐다.

7. 쿠키 스쿱을 사용해 쿠키 반죽을 시트에 동그란 공 모양으로 5cm 간격으로 떨어뜨려 올린다. 각 쿠키 반죽 위에 플레이크 소금을 살짝 뿌리고 윗부분을 가볍게 누른다.

8. 13~15분간 또는 쿠키의 가장자리가 연한 갈색이 될 때까지 굽는다.

9. 5분간 식힌 후 식힘망으로 옮겨 완전히 식힌다.

마그마 크림 트뤼플

이 트뤼플은 마그마 크림처럼 생겼는데, 매콤하고 톡 쏘면서도 크림처럼 부드러운 풍미의 특성으로 인해 맛도 마그마 크림과 비슷할 수 있다! 자신이 선호하는 맛을 찾고 싶다면 화이트 초콜릿 망고 트뤼플부터 시작하여 칠리 페퍼, 라임, 소금을 섞어 한 단계씩 등급을 높여 보라. 매운맛이 더 필요하다면? 트뤼플 믹스에 스파이스 혼합물을 한두 꼬집 더 추가해 보자.

난이도: 어려움

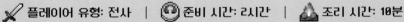
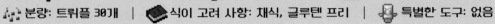
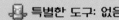

⚔ 플레이어 유형: 전사 | ⏱ 준비 시간: 2시간 | 🔺 조리 시간: 10분
🎵 분량: 트뤼플 30개 | 📖 식이 고려 사항: 채식, 글루텐 프리 | 🔨 특별한 도구: 없음

재료

휘핑용 생크림 1/4컵

화이트 초콜릿 칩 340g

무염 버터 7큰술

망고 퓌레 1/4컵

시판용 칠리 페퍼, 라임, 소금 혼합 양념 1/2작은술과 토핑용으로 조금 더

화이트 캔디 멜트 340g

녹색, 노란색, 빨간색 식용 색소

만드는 법

1. 중간 크기의 냄비에 생크림을 넣고 중약불에 올려 끓을 때까지(약 30초) 가열한다.

2. 불을 끄고 화이트 초콜릿 칩을 천천히 넣는다. 초콜릿이 녹고 모든 것이 매끈하게 섞일 때까지 젓는다. 버터를 잘게 잘라 넣어 녹을 때까지 섞는다(혼합물이 너무 빨리 식으면 약한 불에 올린다). 망고 퓌레와 양념 믹스를 넣고 완전히 섞일 때까지 젓는다.

3. 트뤼플 믹스를 유산지를 깐 파이 접시나 얕은 캐서롤 접시에 붓는다. 냉장고에 넣어 2시간 동안 또는 스쿱으로 퍼낼 수 있을 정도로 단단해질 때까지 식힌다.

4. 트뤼플 믹스를 냉장고에서 꺼내 한 작은술 가득 떠낸다. 공 모양으로 굴려 유산지를 깐 접시에 올려놓는다. 나머지 믹스로도 같은 과정을 반복한다. 트뤼플 볼을 냉장고에 30분간 넣어 둔다.

5. 캔디 멜트가 녹아서 매끈하게 될 때까지 중탕냄비나 전자레인지로 가열한다. 캔디 멜트에 녹색, 노란색, 빨간색 식용 색소를 각각 1방울씩 넣고 색이 완전히 섞이지는 않을 정도로 빠르게 젓는다.

6. 트뤼플 볼을 냉장고에서 꺼내 녹인 캔디에 담근다. 담근 트뤼플을 왁스 페이퍼를 깐 접시나 쿠키 시트에 올리고 그 위에 양념 믹스를 뿌린다. 완전히 굳을 때까지 기다린다.

폭죽 탄약 쿠키

표면에 금이 간 이 쿠키는 게임에서 만드는 폭죽 탄약과 비슷하게 생겼는데, 팝핑 캔디를 뿌린 덕분에 입안에서 폭죽이 터지는 듯한 느낌도 받을 수 있다! 다양한 색상의 팝핑 캔디를 사용해 가장 마음에 드는 폭죽을 만들어 보자.

> 난이도: 보통

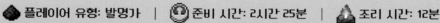

🔹 플레이어 유형: 발명가 | ⏱ 준비 시간: 2시간 25분 | 🔺 조리 시간: 12분

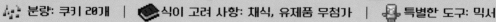

🎵 분량: 쿠키 20개 | 📔 식이 고려 사항: 채식, 유제품 무첨가 | 🔧 특별한 도구: 믹서

재료

반죽:

설탕 1컵

무가당 코코아 가루 1/2컵

식용유 1/4컵

달걀 2개

바닐라 엑기스 1작은술

밀가루(중력분) 1컵

베이킹파우더 1작은술

에스프레소 가루 1작은술

입자가 굵은 소금 1/4작은술

코팅:

설탕 1/4컵

슈가 파우더 1/4컵

빨강(또는 파랑이나 녹색) 팝핑 캔디 2봉

만드는 법

1. 반죽을 만들기 위해 설탕과 코코아 가루를 스탠드 믹서의 믹싱볼에 넣고 섞는다. 식용유를 넣은 다음 달걀을 한 번에 하나씩 넣으면서 완전히 잘 섞어준다. 바닐라 엑기스를 넣고 한 번 더 젓는다.

2. 밀가루, 베이킹파우더, 에스프레소 가루, 소금을 작은 믹싱볼에 넣고 섞은 다음 믹서의 믹싱볼에 넣는다. 잘 섞일 때까지 젓는다.

3. 믹싱볼을 비닐 랩으로 덮고 최소 2시간 정도 냉장고에 넣어 둔다.

4. 오븐을 180℃로 예열하고 큰 쿠키 시트 2장에 유산지를 깐다.

5. 설탕, 슈가 파우더, 빨간색 팝핑 캔디를 세 개의 작은 볼에 각각 담는다. 손에 슈가 파우더를 바른 다음 반죽을 한 번에 한 큰술씩 잡아 2.5cm 지름의 공 모양으로 굴린다. 반죽을 설탕에 굴린 다음 슈가 파우더를 두껍게 입히고 빨간색 팝핑 캔디에 굴린다.

6. 이렇게 굴린 볼을 쿠키 시트에 올린 다음 쿠키가 퍼지고 윗부분에 금이 갈 때까지 10~12분간 굽는다. 아직 쿠키가 말랑말랑하겠지만 식으면 단단해진다.

7. 시트에서 5분간 식힌 후 식힘망으로 옮겨 완전히 식힌다.

레드스톤 브라우니 블록

레드스톤 블록을 자르면 힘이 줄줄 새어 나오는 것처럼 보일 것이다. 걱정하지 마라. 레드스톤 가루의 비축분을 축낼 일은 없을 것이다. 더 많은 초콜릿을 사용해 제작하고 있으니까. 레드 벨벳 케이크와 멕시코식 핫 초콜릿에서 영감을 얻은 이 레시피에는 브라우니에 전기처럼 찌릿한 감각을 더하기 위해 매운 양념이 살짝 들어간다.

> 난이도: 어려움

◆ 플레이어 유형: 발명가 | 🕐 준비 시간: 1시간 30분 | ⛰ 조리 시간: 18분
🍴 분량: 케이크 4~6개(사용하는 라메킨이나 틀의 크기에 따라 달라짐) | 📖 식이 고려 사항: 채식
🎤 특별한 도구: 사각 머핀/브라우니 틀(1구가 7cm 크기의 정사각형) 또는 라메킨 4개, 믹서

재료

초콜릿 믹스:

생크림 1/4컵

세미스위트 초콜릿 칩 1/3컵

시나몬 가루 두 꼬집

칠리 파우더 한 꼬집

카옌페퍼 한 꼬집

브라우니:

무가당 코코아 가루 1과 1/2작은술과 틀에
뿌릴 용으로 조금 더

가염 버터 1/2컵

설탕 1/2컵

달걀 1개

바닐라 1/2작은술

밀가루(중력분) 1컵

베이킹 소다 1/2작은술

입자가 굵은 소금 1/2작은술

버터밀크 1/3컵

빨간색 젤타입 식용 색소 1작은술

식초 1작은술

만드는 법

1. 초콜릿 믹스를 만들기 위해 작은 냄비에 생크림을 넣고 끓을 때까지 가열한다. 불에서 내리고 초콜릿 칩을 넣어 녹을 때까지 젓는다. 시나몬 가루, 칠리 파우더, 카옌페퍼를 넣고 다시 한번 젓는다. 파이 접시나 얕은 그릇에 붓고 1시간 동안 또는 단단하게 될 때까지 냉장고에 넣어 둔다.

2. 오븐을 180℃로 예열한다. 6구 머핀 틀 또는 라메킨 4개에 기름칠하고 코코아 가루를 뿌린다. 톡톡 두드려 여분의 가루는 털어내고 한쪽에 둔다.

3. 버터와 설탕을 믹서에 넣고 가볍고 폭신폭신한 질감이 날 때까지 섞는데 중간중간 믹싱볼의 벽을 긁어낸다.

4. 앞서 만든 버터 믹스에 달걀을 넣고 완전히 섞는다. 이후 바닐라를 넣어 섞는다.

5. 밀가루, 코코아 가루, 베이킹 소다, 소금을 믹싱볼에 넣고 섞어 한쪽에 둔다.

6. 버터밀크와 빨간색 식용 색소를 함께 섞어 한쪽에 둔다.

7. 마른 재료 믹스의 절반을 젖은 재료 믹스에 섞는다. 이어서 버터밀크의 절반을 넣고 섞는다. 나머지 마른 재료와 버터밀크를 넣고 계속 섞은 다음 식초를 추가한다. 벽면을 긁어내고 모든 재료가 완전히 섞일 때까지 다시 섞어준다.

8. 라메킨이나 머핀 틀에 앞서 만든 반죽을 각각 2/3 정도 채워서 붓는다.

9. 차갑게 해 둔 초콜릿 믹스를 1/2큰술 떠서 공 모양으로 만들어 반죽의 중앙에 놓는다. 각 라메킨이나 머핀 틀의 구마다 초콜릿이 채워질 때까지 이 과정을 반복한다(케이크가 구워지면서 초콜릿이 아래로 가라앉기 때문에 눌러줄 필요는 없다).

10. 오븐에 넣어 18분간 또는 측면을 따라 이쑤시개를 찔렀을 때 묻어나오는 것이 없을 때까지 굽는다(가운데에 액체가 들어 있지만 흔들리지 않는 상태).

11. 2분간 식힌 다음 가장자리를 따라 얇은 칼로 둘러주고 접시를 틀 위에 올린 후 뒤집어 케이크가 접시에 거꾸로 떨어지도록 한다. 따뜻한 상태일 때 내놓는다.

주먹을 부르는 흙 블록

오랜 시간 게임을 즐기다 보면 고통을 겪지 않으면서 나무에 주먹을 날리거나 돌덩이를 부수고 싶다는 생각이 들지 않는가? 이제 때가 왔다. 나무에 주먹을 날릴 때가! 이 디저트의 초콜릿 블록 껍데기를 깨면 맛있는 간식이 모습을 드러낼 것이다.

난이도: 보통

🔧 플레이어 유형: 건축가 | ⏲️ 준비 시간: 3시간 | ⛰️ 조리 시간: 10분

🍴 분량: 흙 블록 4개 | 🧽 식이 고려 사항: 채식

🎤 특별한 도구: 거품기가 장착된 믹서, 5cm 크기의 실리콘 얼음틀

재료

무스 필링:

무염 버터 3큰술

세미스위트 베이킹용 초콜릿 170g

달걀 3개, 흰자와 노른자 분리하여 사용

크림 오브 타르타르 1/2작은술

설탕 1/4컵과 2큰술, 나누어 사용

차가운 휘핑용 생크림 1/2컵

바닐라 엑기스 1/2작은술

블록 껍데기:

세미스위트 베이킹용 초콜릿 340g

추가 토핑:

부순 초콜릿 쿠키 12개분

지렁이 모양의 젤리 8개

만드는 법

1. 무스 필링을 만들기 위해 버터와 초콜릿을 중탕냄비에 넣고 매끈하게 될 때까지 저어가며 녹인다. 이 믹스를 몇 분 정도 식힌 다음 달걀 노른자를 한 번에 하나씩 넣으면서 완전히 섞는다.

2. 거품기가 장착된 믹서를 사용하여 달걀 흰자를 거품이 날 때까지 적당한 속도로 휘핑한다. 크림 오브 타르타르를 넣고 부드러운 뿔이 만들어질 때까지 휘젓는다. 설탕 1/4을 천천히 넣고 단단한 뿔이 생길 때까지 휘핑한다.

3. 이 달걀 흰자 거품을 1의 초콜릿 믹스에 넣어 섞고 한쪽에 둔다.

4. 거품기가 장착된 믹서기 믹싱볼을 차갑게 해 둔 상태에서 휘핑크림을 넣고 휘핑을 시작한다. 설탕 2큰술과 바닐라 엑기스를 천천히 넣는다. 중간 정도의 뿔이 만들어질 때까지 휘핑한다. 이 휘핑한 크림을 초콜릿 믹스에 넣고 섞는다.

5. 이 초콜릿 무스 믹스를 큰 짤주머니나 지퍼백에 넣고 냉장고에서 최소 2시간 동안 차갑게 보관한다.

6. 블록 껍데기를 만들기 위해 베이킹용 초콜릿을 중탕냄비에서 녹인 다음 초콜릿의 1/4을 실리콘 얼음틀에 넣는다. 모든 가장자리에 닿을 수 있도록 스패튤라나 칼을 사용하여 틀의 바닥과 측면을 초콜릿 믹스로 코팅한다. 초콜릿 냄비나 유산지 위에 틀을 기울이고 두어 번 두드려 여분의 초콜릿을 제거한다. 다시 뒤집어 5분 이상 또는 초콜릿이 굳을 때까지 냉장고에 넣어 둔다.

7. 접시에 담아내기 위해 무스가 담긴 짤주머니의 끝부분이나 지퍼백의 모서리에 구멍을 뚫고 무스를 네 개의 접시 가운데에 약 4cm 너비의 사각형 모양으로 짠다. 부순 쿠키를 무스 위에 뿌린 후 무스를 좀 더 짜고 또 쿠키를 뿌린다. 각 무스 더미 위에 지렁이 모양의 젤리를 2개씩 올린다.

8. 초콜릿 껍데기를 틀에서 조심스럽게 밀어서 꺼내고 접시에 담긴 무스 위에 하나씩 올린다. 먹을 때가 되면 손님들에게 칼, 포크 또는 기타 원하는 작은 무기를 사용하여 '흙 블록'의 껍데기를 부수도록 한다. 깨진 초콜릿 껍데기는 무스와 함께 먹으면 된다!

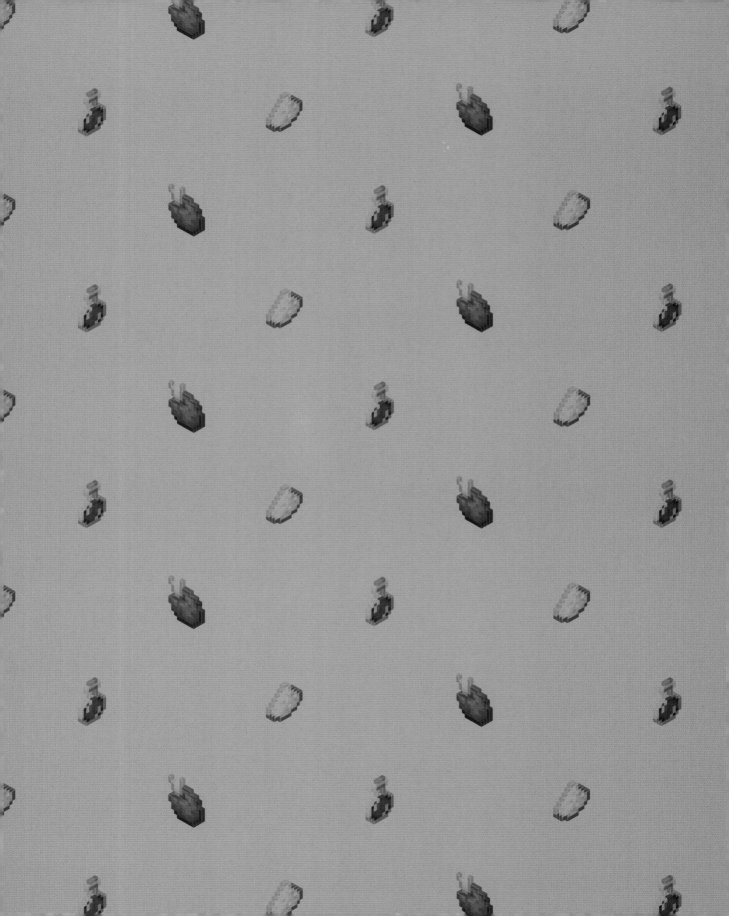

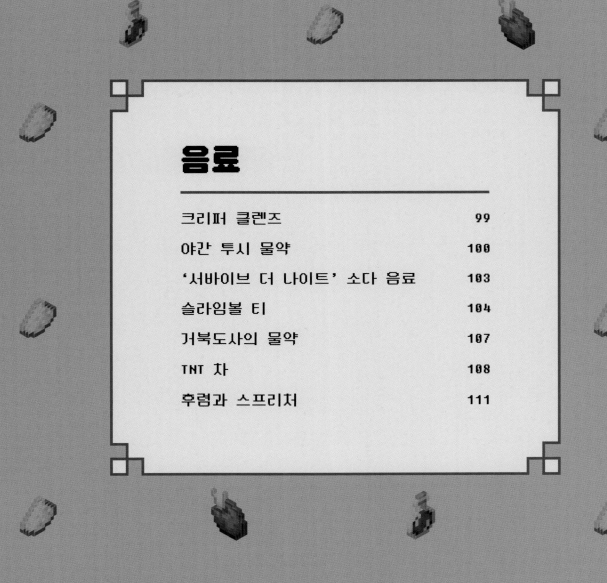

음료

크리퍼 클렌즈

새 건축물을 완성한 후 크리퍼가 쉭쉭거리고 지나가면서 모든 것을 산산조각 내는 끔찍한 소리를 듣는 것보다 더 나쁜 일은 없을 테다. 지친 상태로 조각들을 주워 다시 조립하는 것밖에 달리 선택지가 없다면 하루의 작업은 헛수고가 된다. 크리퍼가 없는 현실 세계에서도 어떤 아침은 그렇게 느껴지기도 한다. 늦게까지 게임하느라 잠을 못 잤거나 적대적인 몹(이웃집 개가 짖는 소리 같은) 때문에 수면을 방해받았기 때문일 수도 있다. 전해질, 항산화제, 과일, 채소가 잔뜩 든 이 녹색 레모네이드 같은 혼합 음료로 마음속에 있는 크리퍼의 기운을 몰아내 보자. 죽었던 하루를 기분 좋게 재생시킬 수 있는 좋은 방법이다.

난이도: 쉬움

 플레이어 유형: 건축가 | 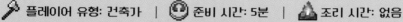 준비 시간: 5분 | 조리 시간: 없음
분량: 970mL의 음료 한 잔 | 식이 고려 사항: 채식, 유제품 무첨가, 글루텐 프리
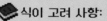 특별한 도구: 블렌더, 체

재료

코코넛 워터 1컵

레몬즙 1개분(약 1/4컵)

눌러 담은 시금치 1컵

씨를 제거하고 슬라이스한 녹색 사과 1개

다듬어서 4개의 큰 조각으로 자른 셀러리 1대

껍질을 제거한 생강 작은 1조각

꿀 1큰술

얼음 5개

만드는 법

1. 얼음을 제외한 모든 재료를 블렌더에 넣고 2분간 또는 고르게 될 때까지 갈아준다.

2. 체에 걸러 얼음을 가득 채운 잔에 따른다.

야간 투시 물약

당근 케이크에서 영감을 받은 스무디의 비타민이 야간 투시력을 개선해 줄 수 있을까? 이 스무디는 짙고 달콤한 디저트 같은 맛이 나지만 건강하고 포만감을 주는 재료로 가득 차 있다. 겨우 몇 모금만 마셔도 주변의 모든 사물이 조금 더 밝아진 듯한 느낌을 받을 수 있을 것이다.

> 난이도: 쉬움

🍎 플레이어 유형: 농부 | ⏱ 준비 시간: 5분 | ⛰ 조리 시간: 없음
🎵 분량: 340mL의 음료 한 잔 | 📖 식이 고려 사항: 채식, 글루텐 프리
🎙 특별한 도구: 블렌더

재료

코코넛 밀크 1컵

얼린 당근 1/2컵

얼린 바나나 1개

바닐라 그릭 요거트 1/4컵

바닐라 엑기스 1/2작은술

시나몬 가루 1/4작은술

생강가루 한 꼬집

너트메그 가루 한 꼬집과 장식용으로 조금 더

만드는 법

1. 모든 재료를 블렌더에 넣고 고속으로 1분간 또는 고르게 될 때까지 갈아준다.

2. 유리잔에 붓고 너트메그 가루를 조금 더 뿌린다.

'서바이브 더 나이트' 소다 음료

우리 모두 이런 경험이 있을 것이다. 밤을 새워가며 최선을 다해 적대적인 몹을 피했거나, 꼭두 새벽까지 게임에 빠져 있다가 마침내 해가 떠올랐을 때 다시 우리에게 활력을 가져다줄 무언가 가 필요했던 경험 말이다. 이 음료는 커피와 콜라를 결합하여 카페인을 연속 펀치로 맞는 듯이 맛있게 즐길 수 있다. 그냥 잠자리에 들 수 없다면 이게 차선책이다.

> 난이도: 쉬움

⚔ 플레이어 유형: 전사 | 🕐 준비 시간: 2분 | ⛰ 조리 시간: 없음
🎵 분량: 음료 한 잔 | 📖 식이 고려 사항: 채식, 글루텐 프리 | 🔨 특별한 도구: 셰이커, 체

재료

얼음

에스프레소 1샷

심플 시럽 30g

콜라 237mL

토핑용 휘핑크림

만드는 법

1. 셰이커에 얼음을 채우고 에스프레소 샷과 심플 시럽을 붓는다. 셰이커가 얼음처럼 차가워질 때까지 흔든다.

2. 길쭉한 잔에 얼음을 절반가량 채우고 앞서 만든 에스프레소 믹스를 체에 걸러 넣 는다. 콜라도 잔에 넣고 휘핑한 크림을 얹어 마무리한다.

슬라임볼 티

슬라임볼이 넘치도록 있다면? 조금 징그러워 보일 수도 있지만, 끈적끈적한 피스톤과 슬라임 블록을 만드는 데 이 슬라임볼을 사용하면 창의적으로 다양한 종류의 공학적 가능성을 열 수 있다. 이 괴짜 같은 재료를 녹차와 타피오카 펄이 들어가는 슬라임 그린 버전의 버블티로 탄생시켜 보는 건 어떨까? 이 음료는 늪의 물처럼 보일 수도 있지만 약속하건대 훨씬 더 맛있을 거다!

난이도: 쉬움

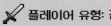 플레이어 유형: 전사 | 준비 시간: 2분 | 조리 시간: 20분
분량: 470mL의 음료 한 잔 | 식이 고려 사항: 채식, 비건, 유제품 무첨가, 글루텐 프리
특별한 도구: 없음

재료

설탕 1/4컵

물 1/4컵

타피오카 펄 1/4컵

말차 가루 1작은술

뜨거운(끓지는 않는) 물 2큰술

얼음

일반 우유 또는 대체 우유 1컵

만드는 법

1. 작은 소스팬에 설탕과 물을 넣고 중약불에 올려 심플 시럽을 만든다. 설탕이 녹을 때까지 젓는다. 불에서 내려 한쪽에 둔다.

2. 타피오카 펄을 끓는 물이 담긴 작은 냄비에 넣고 펄이 떠오를 때까지 자주 저어 준다. 중불로 불을 줄이고 포장지에 적힌 조리 시간(약 12분)에 따라 펄을 익힌다. 펄을 물에서 건져내 심플 시럽에 넣고 식힌다.

3. 말차 가루에 뜨거운 물을 부어 거품기로 가루를 풀어 주고 거품이 일어날 때까지 젓는다.

4. 길쭉한 유리잔에 익힌 타피오카 펄 1/4컵(심플 시럽 일부 포함)을 채운 후 얼음, 우유, 말차를 넣는다. 몇 번 정도 재빠르게 저어 재료를 잘 섞어서 음료가 녹색으로 변하도록 해 준다. '슬라임볼'을 빨아들이는 데 도움이 되는 굵은 빨대와 함께 제공한다.

> **전사의 노트:**
>
> 통통 튀는 녹색 '보바'를 구할 수 있을 때 타피오카 펄 대신에 사용하면 풍미와 색감을 더할 수 있다. 보바는 이미 조리가 되어 시럽에 담겨 있으므로 1, 2단계를 건너뛰도록 한다.

거북 도사의 물약

이 '물약'은 우리가 거북 도사가 되도록 도와줄 것이다. 그러니까 여기서 말하는 건 초콜릿, 피칸, 캐러멜 사탕이 들어간 물약이다. 거북이에서 영감을 받은 이 초콜릿 밀크셰이크는 창작이나 탐험을 하느라 혹은 그저 할 일거리들로 바쁜 하루를 보낸 어느 날, 느긋하면서도 깊고 진한 휴식을 취하게 해 줄 것이다.

> 난이도: 쉬움

 플레이어 유형: 탐험가 | 준비 시간: 5분 | 조리 시간: 30초

 분량: 밀크셰이크 1잔 | 식이 고려 사항: 채식, 글루텐 프리 | 특별한 도구: 블렌더

재료

초콜릿 아이스크림 2컵

우유 1/2컵

캐러멜 소스 3큰술

부순 피칸 10개분

토핑용 휘핑크림

토핑용 캐러멜 소스 및 여유분의 피칸

만드는 법

1. 아이스크림, 우유, 캐러멜 소스, 피칸을 블렌더에 넣는다. 30초간 또는 완전히 섞일 때까지 갈아준다.

2. 길쭉한 유리잔에 붓고 휘핑한 크림을 얹어 캐러멜 소스를 추가로 뿌린 후 부순 피칸 몇 개를 얹어 준다.

TNT 차

아침이 왔다. 멋지게 하루를 시작하고 싶은 아침이다. 이 달콤한 시나몬 향의 홍차를 한잔 끓여 보자. 오늘 하루를 즐기는 데 필요한 에너지를 선사할 것이다. 처음 차를 우리기 시작할 때 폭발에 대비하길. 우리를 잠에서 깨울지도 모르니!

> 난이도: 쉬움

◆ 플레이어 유형: 발명가 | ◉ 준비 시간: 2분 | ▲ 조리 시간: 3분

⁂ 분량: 1잔 | ◈ 식이 고려 사항: 채식, 비건, 유제품 무첨가, 글루텐 프리

⚗ 특별한 도구: 차 티백 주머니

재료

홍차 1작은술

스파클링 슈가 1/4작은술

팝핑 캔디 1/4작은술

시나몬 가루 약간

만드는 법

1. 모든 재료를 작은 믹싱볼에 넣고 섞은 다음 이를 차 티백 주머니에 넣는다(한 번에 한 주머니 이상을 만들 경우, 재료 목록에 있는 재료를 그에 맞게 늘린 다음 이 믹스를 1.5작은술씩 각각의 주머니에 넣는다).

2. 뜨거운 물에 티백 주머니를 넣고 3~5분간 또는 원하는 강도가 될 때까지 우려낸다.

후렴과 스프리처

엔드에 도착해 상쾌한 음료를 마시고 싶은 생각이 간절할 때 이 후렴과 스프리처를 마시면 천국으로 순간이동을 할 수 있을 것이다. 이 레시피에는 음료의 이름에 있는 과일 대신 블루베리가 사용되고 약간의 탄산수가 들어가 우리가 원하든 원하지 않든 발걸음에 생기를 불어넣어 줄 것이다.

> 난이도: 쉬움

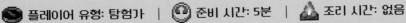 플레이어 유형: 탐험가 | 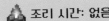 준비 시간: 5분 | 조리 시간: 없음
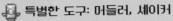 분량: 180mL의 음료 한 잔 | 식이 고려 사항: 채식, 비건, 유제품 무첨가, 글루텐 프리
특별한 도구: 머들러, 셰이커

재료

블루베리 15개와 장식용으로 조금 더

생 민트잎 5장과 장식용으로 조금 더

얼음, 나누어 사용

심플 시럽 30g

라임즙 30mL

탄산수 120mL

만드는 법

1. 셰이커 바닥에 블루베리와 민트잎을 넣고 머들러로 으깬다.

2. 얼음, 심플 시럽, 라임즙을 넣고 셰이커가 얼음처럼 차가워질 때까지 흔든다.

3. 체에 걸러 얼음과 함께 잔에 넣고 그 위에 탄산수를 붓는다.

4. 부드럽게 저은 후 블루베리와 민트를 이쑤시개에 꽂아 음료 위에 장식한다.

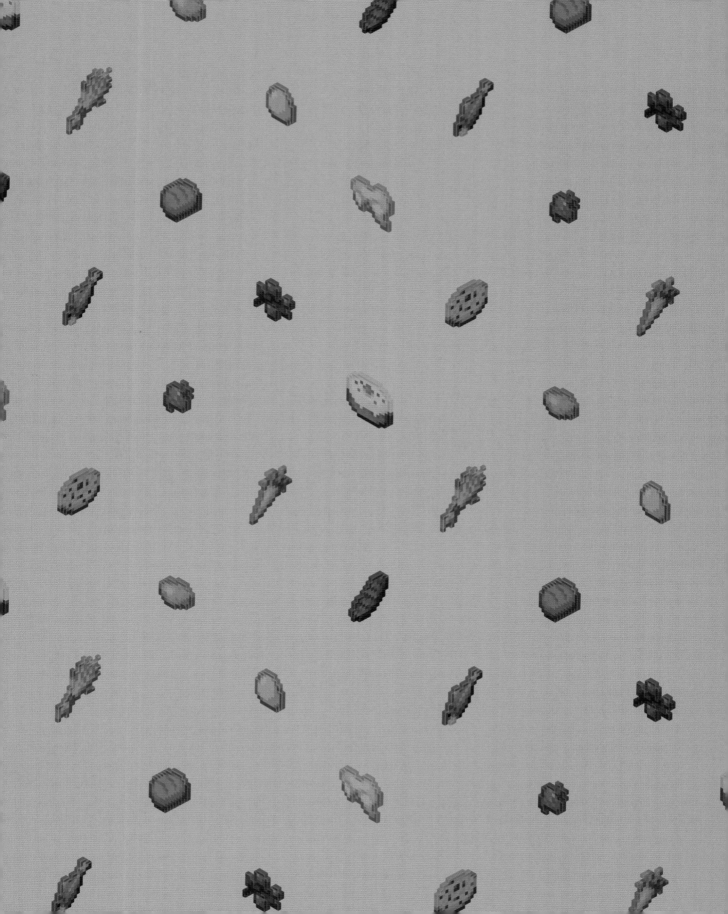

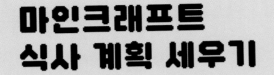

마인크래프트
식사 계획 세우기

마인크래프트 식사 계획 세우기

레시피가 쌓이면 쌓일수록 주방에서의 창의력도 쌓인다. 우리가 배운 각각의 레시피들은 다른 것들과 결합할 수 있는 하나의 블록으로써 무한한 조합으로 맛있는 식사를 구성할 수 있다. 여기 몇 가지 식사 구성 제안을 담아 두었다. 원하는 플레이 스타일을 골라 창작을 시작해 보자!

레시피

탐험가의 피크닉

집 근처의 작고 아름다운 잔디밭을 골라 탐험가 친구들을 위한 피크닉을 계획해 보자. **꽃 숲 샐러드**(가는 길에 발견한 새로운 꽃을 추가할 수도 있다!)로 시작해 **가락 동굴**과 **뒤틀린 숲 납작빵 피자**를 준비해 모두가 맛있게 먹을 수 있도록 해 보자. 두 요리 모두 아주 뜨겁지 않을 때도 여전히 맛있다. **후렴과 스프리처**로 모든 이의 갈증을 해소시켜 주고, **마시멜로 구름**을 먹고 쉬면서 하늘에 있는 진짜 구름을 바라보며 느긋한 피크닉을 마무리해 보자.

레시피

농부의 점심 휴식

농장에서든 혹은 어떤 분야에서든 땀을 흘리며 일하고 나면 풍성한 수확물을 얻을 수 있다. 이 메뉴는 우리의 노고에 걸맞게 자신을 돌볼 보상이 담겨 있다. **평원 케밥**을 좀 굽고 **구운 작물**과 한입에 먹는 **구운 감자**를 사이드로 곁들여 보자. 우리 자신을 대접할 시간인 만큼 커다란 **코코아 청크 쿠키** 한 바구니로 식사를 마무리해 보자.

레시피

건축가의 브런치

좋은 식사는 성공적인 하루를 시작하는 데 필요한 블록으로, 훌륭한 건축가라면 하루를 올바르게 시작하는 방법을 알고 있다. 갓 만든 **크리퍼 클렌즈**로 채소를 섭취한 다음, **인벤토리 빵** 블록 몇 개와 함께 **경작지 스뫼르고스토르타** 한 조각을 맛보자. 또 기분을 좋게 만들어 줄 달콤한 디저트로 식사를 마무리하기 위해 **단단한 진흙 브라우니** 또는 **유광 테라코타 쿠키**를 추천한다.

레시피

전사의 만찬

매일이 전투처럼 느껴지는가? 승자를 위한 이 만찬으로 승리의 기분을 느껴보자. **치킨 조키 샌드위치**에 **드래곤의 숨결** 드레싱을 뿌린 사이드 샐러드를 곁들여 먹은 후 **마그마 크림 트뤼플** 디저트를 **슬라임볼 티** 한 잔과 함께 즐겨 보자.

레시피

발명가의 브레인스토밍

도저히 풀 수 없는 문제에 갇혀 있을 때는 잠시 휴식을 취하고 달콤매콤한 간식을 먹어야 한다. 쇠약해지는 창의력에 활력을 불어넣을 때가 되었다는 의미니까. **TNT 차**를 끓여 **레드스톤 브라우니 블록**, **폭죽 탄약 쿠키**와 함께 즐겨 보자. 홍차가 우리를 잠에서 깨워주고 차와 쿠키에 들어 있는 팝핑 캔디와 브라우니에 들어 있는 칠리 파우더가 정신을 차리게 해 줄 것이다!

작가에 대하여

타라 테오하리스는 본 레시피들 및 파티 블로그 '괴짜 안주인'의 크리에이터이자 《달걀을 깨라! 브로드웨이 요리책Break an Egg! The Broadway Cookbook》의 저자다. 자신이 좋아하는 팬덤에서 영감을 받아 이해하기 쉬운 레시피들을 만드는 것을 좋아한다. 주방에서 실험을 하지 않을 때는 시애틀에서 남편이나 아들과 함께 게임을 즐기고 TV 프로그램을 몰아보고 있는 중일 수 있다.

감사의 말

■ 나의 수셰프들이자 1차 맛 평가자인 알렉산더와 레오니다스 테오하리스에게 고마움을 전하고 싶다. 이 두 사람이 없었다면 이 일을 해낼 수 없었을 것이다.

■ 이 책을 만드는 동안 모든 지원을 아끼지 않은 마리아 비센테와 편집자 해리슨 퉁갈, 릭 칠로트에게 감사한다.

■ 나를 집으로 초대하여 멋진 창작물들을 둘러볼 수 있게 해 준 스파클로폴리스 왕국의 회원들에게도 감사를 표하고 싶다.

■ 이 책에 도움을 준 알렉스 월트셔, 셰린 콴, 오드리 서시, 크리스티나 호너, 리즈 레오 그리고 모장과 마이크로소프트의 모든 관계자들에게도 감사한다. (당연히 마인크래프트를 탄생시켜 준 점에 대해서도!)

■ 나의 레시피 평가자들인 크리스티나와 트레버 에어리, 재커리 콘, 사라 굴드, 카트리나 해밀턴, 아바 포델, 재클린 트라하나스, 마이크와 루시 투리안, 개빈 베르헤이, 로럴 제노비, 데이비드 치머만에게도 감사의 인사를 전하고 싶다.

■ 마지막으로 우리 모두를 위해 탐험과 창조, 번영의 공간을 제공해 준 마인크래프트에 감사의 말을 전한다.

플레이어를 위한 노트

플레이어를 위한 노트

플레이어를 위한 노트

플레이어를 위한 노트

플레이어를 위한 노트

플레이어를 위한 노트

플레이어를 위한 노트

플레이어를 위한 노트

Photographer: Emily Hawkes
Props: Andrea Greco
Food Assistant: Fatima Khamise
Production Assistant: Jill Seymour
Photography for pages 8, 14, 20, 31, 38, 41, 53, 54, 68, 98, 101, 102, 105, 106, 110, and 115 by Ted Thomas
Food and styling for pages 8, 14, 20, 31, 38, 41, 53, 54, 68, 98, 101, 102, 105, 106, 110, and 115 by Elena P. Craig
Special thanks to Sherin Kwan, Alex Wiltshire, Audrey Searcy, and Mojang Studios.
Art on pages 6, 7, 126, and 127 by Christian Glücklich

마인크래프트 공식 요리책

1판 1쇄 발행 2024년 6월 15일

지은이 타라 테오하리스

옮긴이 최경남

감수자 서유리

펴낸이 하진석

펴낸곳 ART NOUVEAU

주소 서울시 마포구 독막로3길 51

전화 02-518-3919

팩스 0505-318-3919

이메일 book@charmdol.com

신고번호 제313-2011-157호

신고일자 2011년 5월 30일

ISBN 979-11-91212-35-8 13590

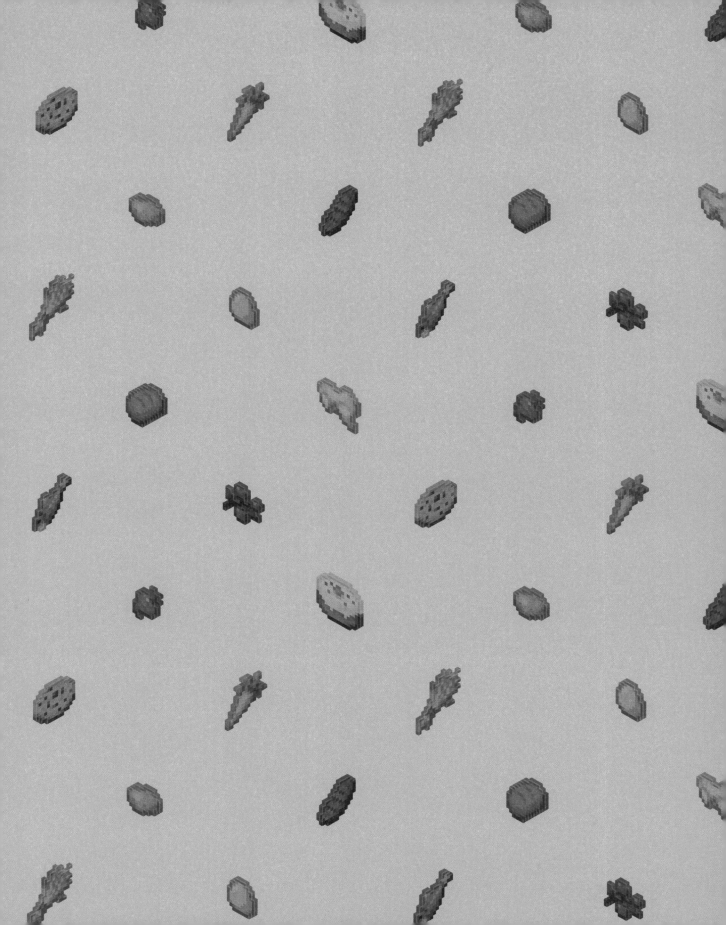

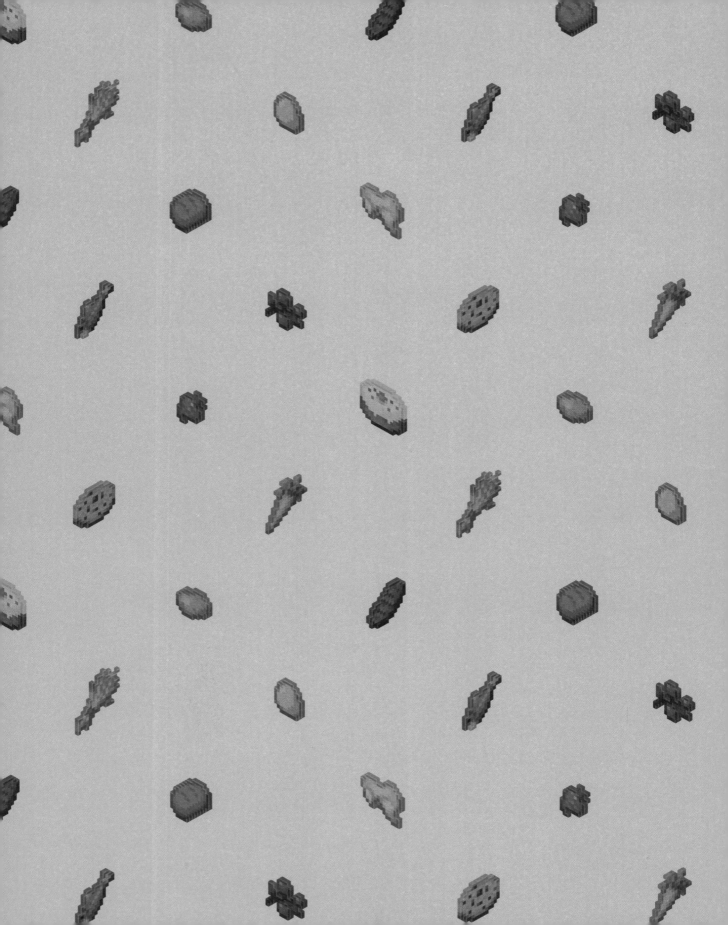